ポケット図鑑
身近な草花
300 郊外

亀田龍吉

文一総合出版

目次

郊外の草花の楽しみ方 … 3
本書の使い方 …………… 4
花色検索 ………………… 6
特徴のある果実 ………… 21
草花の冬の装いロゼット … 26
ロゼットのしくみ ……… 29

用語紹介 ………………305
さくいん ………………309

図鑑ページ

白色の花 ………………… 30
黄色の花 ………………… 96
橙〜赤色の花 ……………156
ピンク〜紅紫色の花 ……164
青紫〜青色の花 …………230
黄緑〜緑色の花 …………266
褐色の花 …………………289

郊外の草花の楽しみ方

　ハイキングや旅行、ドライブなどで海や野山に出かけたときには、街中とは異なる種類の草花と出会う絶好のチャンスです。郊外で出会う自然の草花の楽しみは、何といっても季節感でしょう。たとえば、カタクリやニリンソウなどの「スプリングエフェメラル」と呼ばれる草花は、雑木林の林床などで春のほんの2ヵ月間ほどしか地上に現れません。ですから同じ場所でも、夏や秋へ季節が変われば、まったく別の野草に出会うことになるのです。どの季節に、どんな場所で、どんな草花に出会えるかわかってくると、お気に入りの花もできて、野草への興味はさらに広がることでしょう。

　幸い日本は美しい四季があるうえ、南北に長いので気候や地形の多様性には事欠きません。あらゆる場所で多くの種類の草花に出会えますから、まずはハイキングやドライブで行けるくらいの範囲から、この本を片手に散策してみてください。

亀田 龍吉

本書の使い方

掲載種
この図鑑では、街中に比較的近い郊外で見られる野草から300種類を選んで紹介しています。低山をはじめ、川辺や海辺、池や湿地などで見られる種類ですが、街中でも見られるものもあります。姉妹版の「街中」編とセットで利用してください。

学名
学名とは属名＋主形容語をラテン語で表記する世界共通名のことです。本書は「米倉浩司・梶田忠(2003-)「BG Plants 和名－学名インデックス」(YList), http://ylist.info」を参考。

メモ
その植物の大きさや花、葉、茎、根などの特徴などを表記しメイン写真を補足。

固 日本固有種
日本固有種の植物には上記のマークを掲載。
※加藤雅啓・海老原淳著『日本の固有植物（国立科学博物館叢書11)』（東海大学出版会、2011年）に準拠。

植物名
国内で標準的に使われている名称と漢字名のほか、おもな別名も表記。

丸写真
花、葉、茎、果実などをクローズアップし特徴を紹介。

観察ポイント
その植物を見分けるポイントや、近縁種と異なる点など、フィールドワークに役立つ情報を紹介。

小写真
その植物が生育する様子を紹介。

基本データ

花期（平均的な盛りの時期）、生活型、国内分布（帰化植物は原産地）、生育環境を表記。

花色インデックス

花色を白色、黄色、橙〜赤色、ピンク〜紅紫色、青紫〜青色、黄緑〜緑色、褐色系の7つに分け、この順に掲載。その中で同じ科（分類上近縁な仲間）ごとに並んでいます。ただし一部、花色が異なる近縁種を同じページで紹介してあります。また、花色が複数あるもの、紫系の花色は色合いが変異する場合もあるので花色検索（P.6〜20）も参考にしてください。

ヤマオダマキ【山苧環】 固

学名 *Aquilegia buergeriana* var. *buergeriana*

- 花期 6〜8月
- 生活 多年草
- 分布 北海道〜九州
- 生育 山地の草地、道端、林縁

山道の道端や草地に生え、夏に花を茎の先端につける。花は中心にまとまったクリーム色の花弁5枚と、外に開く紫褐色の萼片からなる。花弁の後ろ部分は紫褐色の距となっている。花は下を向いて咲くが、花後に結実すると上向きの果実になる。

花はクリーム色と紫褐色のツートンカラー

下部の葉は2回3出複葉で無毛

茎はやや紫褐色を帯びる

高さ30〜70cm

キンポウゲ科

仲間！ キバナヤマオダマキ
ヤマオダマキの変種で、花弁は黄色いが萼片がより白に近い淡黄色。茎の色も薄め。

メイン写真

その植物が目立つ花や果実の時期のものを厳選。その植物のつくりや全体像などが明確にわかるよう、背景のない切り抜き写真で紹介しています。

仲間マーク

その植物とよく似た近縁種を紹介。近縁種が複数ある場合は「○○の仲間」の見出しで、ページをまたがって紹介しています。

解説文

その植物の基本的な特徴のほか、名前の由来や別名、用途などの雑学的な情報を紹介。

花色検索

本書に掲載している300種の花を色別に並べてあります。

オオバジャノヒゲ P.50	イケマ P.51	ニリンソウ P.52	イチリンソウ P.52
アズマイチゲ P.53	ボタンヅル P.54	アキカラマツ P.55	タケニグサ P.56
オカトラノオ P.57	ハマボッス P.58	オドリコソウ P.59	シロネ P.60
ヒメシロネ P.61	オトコエシ P.62	ツルカノコソウ P.63	ニョイスミレ P.64
マルバスミレ P.65	シラネセンキュウ P.68	シシウド P.69	シャク P.70

特徴のある果実

花が終わると、子孫を残すための果実ができます。美しい色をしたもの、おもしろい形のもの、食べられるものなど、さまざまな果実があります。

P.31
ミズタマソウ

P.32
タネツケバナ

P.35
スズメウリ

P.36
ノブキ

P.43
アメリカタカサブロウ

P.44
タカサブロウ

P.46
ミズヒマワリ

P.50
オオバジャノヒゲ

P.56
タケニグサ

シシウド P.69

アメリカネナシカズラ P.86

ゲンノショウコ P.87

イチビ P.96

カラスノゴマ P.97

イヌナズナ P.102

トモエソウ P.103

オオジシバリ P.115

サワギク P.119

ウマノアシガタ P.126

タガラシ P.127

キツネノボタン P.128

P.129 クサノオウ

P.136 ツルナ

P.139 キンミズヒキ

P.140 ダイコンソウ

P.141 オヘビイチゴ

P.146 カワラケツメイ

P.149 トキリマメ

P.150 タンキリマメ

P.152 ヤブツルアズキ

P.154 ネコノメソウ

P.155 ヤマネコノメソウ

23

ミズヒキ P.158

マルバルコウ P.160

ウサギアオイ P.164

ハマダイコン P.168

タケトアゼナ P.167

ヒレアザミ P.175

サクラソウ P.189

ハエドクソウ P.209

ヒメフウロ P.215

レンゲソウ P.217

コマツナギ P.218

ノコンギク P.235

ハマゴウ P.252

マツムシソウ P.253

ゴキヅル P.274

カラハナソウ P.267

アマチャヅル P.275

アレチウリ P.276

マムシグサ P.279

エンレイソウ P.283

イシミカワ P.285

スイバ P.303

草花の冬の装い
ロゼット

越年草や多年草の草花の多くは、寒さや乾燥などが厳しい冬を越すために、茎は立ち上げず、地表近くに葉だけを放射状に広げます。その形がバラの花に似るため「ロゼット」と呼ばれます。

P.32
タネツケバナ

P.58
ハマボッス

P.75
ボタンボウフウ

P.76
セリ

P.87
ゲンノショウコ

ロゼットのしくみ

ロゼット上部の葉→

→ロゼット下部の葉

メマツヨイグサのロゼット（写真左）とそれを分解したところ（写真右）

　冬の道端で見つけたメマツヨイグサのロゼットを、伸びれば刈られてしまう場所なので、根際から切って分解させてもらいました。すると、ロゼットの下部（周囲）の葉ほど基部は長くて葉全体が大きく、上部（中心）へいくほど基部は短く全体に小さくなっていることがわかります。ロゼットは葉同士が重なり合うことなく、すべての葉に太陽の光がまんべんなく当たるよう、うまく配置されているのです。

　また、地面では葉が平らに見えていましたが、切り取ってみると、すべて下側（地面側）に巻き込んでいるのもわかります。これは地面により密着し、風でめくれることを防ぎ、寒気が葉裏側に吹き込まないようにしていると思われます。さらに、地面に密着することで踏まれ強くもなっています。

　このようにロゼットには、厳しい季節をしのぐためのしくみが多く備わっています。ちなみに、この直径15㎝ほどのロゼットには、73枚の葉がありました。直根は残したので、この株は遅ればせながらも、また芽吹くはずです。

アカネ科

カワラマツバ【河原松葉】

学名 *Galium verum*
花期 7〜8月
生活 多年草
分布 北海道〜九州
生育 河原、土手、草原

河原や土手など日当たりのよい草地に生える

花冠は深く4裂する

葉は多数が輪生するが本来の葉は2枚のみ

高さ30〜80㎝

📷 観察ポイント

茎に輪生する6〜12枚の葉は、2枚のみが本当の葉で、残りは托葉が変化したもの。若芽は食用になる。

細い葉が輪生する茎の先や葉腋から出た枝に、4裂した白い小さな花を多数つける。河原に生える細い葉を松葉にたとえたのが名の由来。

ミズタマソウ【水玉草】

学名 *Circaea mollis*

花期 8〜9月　**分布** 北海道〜九州
生活 多年草　**生育** 林下、木陰

高さ20〜60㎝

アカバナ科

先が2裂した2枚の花弁が特徴

果実は4本の溝があり鉤状の毛が密生する

葉は対生する

茎の節は紫褐色を帯びる

木陰など日陰に生育する

📷 観察ポイント

熟した果実は、鉤で衣服や獣の毛にひっつき運ばれる。ひっつき虫と呼ばれる果実のひとつ。

対生する葉がつく茎の先に白色〜淡紅色の花弁を2枚もつ小さな花を総状につける。果実には先が鉤状に曲がった毛が密生し、白く輝いて見えるのを水玉にたとえたのが名前の由来。

アブラナ科

タネツケバナ【種漬花】

学名 *Cardamine flexuosa*
花期 2〜5月、10〜11月
生活 越年草
分布 日本全土
生育 田起こし前の水田、湿った荒れ地

水を入れる前、早春の水田を埋め尽くして咲くことがある。ちょうど稲の籾(もみ)を水につける時期なので、この名がついた。柔らかい茎葉は食用にもなる。

花は直径2〜3mmの4弁花

果実は細長く紫褐色

花期に根生葉はほとんどない

水田や川縁など湿ったところに生える

高さ10〜30cm

ワサビ【山葵】

学名 *Eutrema japonicum*
花期 4〜5月
生活 多年草
分布 北海道〜九州
生育 沢沿い、湿った林内

山の渓流沿いや沢に生え、ハート形の葉の鮮やかな緑と、春に咲く純白の可憐な花は清冽な流れによく似合う。日本を代表するハーブで、野生は栽培種と区別するためヤマワサビ、サワワサビなどと呼ばれるが、種は同じ。

アブラナ科

花は直径5〜6mmの4弁花

下部の葉はまるいハート形、上部は三角に近い

春先の若い茎や葉も食用になる

沢沿いのガレ場や林床に生え、時に群生する

高さ10〜40cm

ウド【独活】

学名 *Aralia cordata*

花期	7〜9月
生活	多年草
分布	北海道〜九州
生育	林縁、道端

両性花序と雄花序がある

茎は紅紫色を帯びる

葉は大きな2回羽状複葉

高さ1〜2m

大きな総状花序にはさまざまな昆虫が集まる

ウドの大木といわれるように、木ではないが非常に大きくなる。春、土から顔を出したばかりの新芽は山菜の王様。小さな花が集まった花序がさらに総状の花序をつくり、1m近くにもなる。

スズメウリ【雀瓜】

学名 *Zehneria japonica*

- 花期 8〜9月
- 生活 一年草
- 分布 本州〜九州
- 生育 林縁、垣根、フェンス

ウリ科

花は白くて直径約1cmで、雌花には花の下に子房の膨らみがある。名の由来は、果実がスズメの卵大だからなのか、カラスウリ（街中編P.40）より小さいからなのか、はっきりしていない。

雌花には子房の膨らみがある

葉は角ばったハート形で粗い鋸歯がある

つる性

やや湿った林縁などに生え、細いつるで絡みついていく。雌雄同株

果実は長さ1〜1.5cmで、緑色から熟すと白くなる

これは雄花。雄しべの黄色が目立つ

35

キク科

ノブキ【野蕗】

- 学名 *Adenocaulon himalaicum*
- 花期 8〜10月
- 生活 多年草
- 分布 北海道〜四国
- 生育 林縁、明るい林床

花は中心部に両性花、周囲に雌花

林床や林縁に生えるが地味で目立たない

分枝して先に花をつける

果実は鬼が持つこん棒状で腺毛がべたつく

葉は先のまるいハート形、葉柄に翼がある

高さ40〜80cm

📷 観察ポイント

花柄や果実の先端に腺毛があり、この粘液が害虫を防ぎ、人や獣にくっついて運ばれるために役立つと思われる。

フキ（街中編P.51）に似た葉よりも茎は高く伸びる。分枝した先には中央に両性花、まわりを雌花が囲む白い花がつく。両性花は結実せず、雌花だけこん棒状の果実に育つ。

シロヨメナ【白嫁菜】

学名 *Aster ageratoides* var. *ageratoides*

花期 8～11月
生活 多年草
分布 本州～九州
生育 林縁、木陰

キク科

花は直径1.5～2cm

茎は硬く短毛がある

葉は長さ10～15cmで互生する

高さ50～100cm

霜が降りにくい木陰に生息するためか晩秋まで咲き残ることもある

林縁の半日陰に生育し、茎は上部で分枝して花をたくさんつける。舌状花は白く、中心部の筒状花は黄色が基本だが、黄白色、灰緑色など変化が多い。

キク科

ゴマナ【胡麻菜】固

学名 *Aster glehnii* var. *hondoensis*

花期 8〜10月
生活 多年草
分布 北海道〜本州
生育 林縁、湿った草地、渓流沿い

花は直径1.5〜2cm

葉は長さ10〜20cmでざらつく

高さ60〜150cm

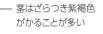
茎はざらつき紫褐色がかることが多い

やや湿った環境に生育し、湿地周辺や渓流沿いなどでよく見かける

人の背丈ほどに育ち、頂部に白い花を多数つける。葉がゴマの葉に似ていることが名前の由来。シロヨメナ（P.37）に似るが、本種は全体に毛が多くざらつく。

ユウガギク【柚香菊】 固

キク科

学名 *Aster iinumae*

花期 7～10月
生活 多年草
分布 本州（近畿地方以北）
生育 草原、道端、土手

花の直径は約2.5㎝

痩果の冠毛は非常に短い

高さ40～150㎝

葉は互生し、薄めで切れ込みは深い

📷 観察ポイント

仲間の識別には痩果の冠毛が重要になる。本種のものは極めて短く、約0.25㎜で肉眼では確認できない。

よく分枝した茎の先に白色～淡紫色の花をつける。花色の濃さには個体差があるが、白色が多い。花を揉むと、かすかに柚子の香りがするのが名前の由来。

キク科

オケラ【朮】

学名 *Atractylodes ovata*
花期 9〜10月
生活 多年草
分布 本州〜九州
生育 草地、林縁

花は白色でまれに淡紅色

高さ50〜100cm

茎は硬い

📷 **観察ポイント**

雌雄異株で、花は筒状花のみからなり、周りを針状に羽裂した苞葉に囲まれる。

葉は3〜5裂する

日当たりの良い林縁などに生える

茎も葉もとても硬く、3〜5裂した葉の縁には細かい刺状の鋸歯がある。春の新芽は柔らかく、山菜に利用される。根は生薬になり、本種のものをビャクジュツ（白朮）、ホソバオケラのものをソウジュツ（蒼朮）と呼ぶ。

リュウノウギク【竜脳菊】

学名 *Chrysanthemumi makinoi* 固

- **花期** 10～12月
- **生活** 多年草
- **分布** 本州（福島県以南）、四国、宮崎県
- **生育** 林縁、道端

花は直径 2.5～4cm

高さ30～80cm

茎は細いが硬く、毛が密生する

丘陵地の林縁や崖下に生える

葉はふつう浅く3裂する

📷 観察ポイント

野菊の中でも遅咲き。ほかの草が枯れはじめる晩秋から初冬にかけて咲くため、ハナアブやタテハチョウなどのよい蜜源になる。

花や葉は観賞用の小菊に近いが、茎は細く垂れることが多い。茎や葉に中国の香料である竜脳に似た香り（樟脳に似る）があるのが名の由来。

キク科

キク科

ハマギク【浜菊】固

学名 *Nipponanthemum nipponicum*

花期 9〜11月
生活 多年草
分布 本州（青森〜茨城県）
生育 海岸

青森〜茨城県の太平洋側の海岸に生え、江戸時代から観賞用として庭に植えられるなどした。園芸種シャスターデージーは、本種とフランスギク（街中編P.50）の交配によって作出された。

花の直径は約6㎝

葉は肉厚で光沢がある

高さ50〜100㎝

茎は木化する

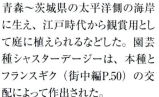

自生地は限られるが各地で植栽もされている

アメリカタカサブロウ
【亜米利加高三郎】

学名 *Eclipta alba*

花期 7〜9月　**分布** 本州〜沖縄
生活 一年草　**生育** 水田周辺、湿地

キク科

1981年に確認された帰化植物で、同じような環境に生えるタカサブロウ（P.44）より新参とされる。葉がより細めで果実（瘦果）の肩が角張って周囲に翼がないのが特徴。

瘦果の肩は角ばり翼がない

葉は幅10〜28mm、長さ40〜100mm

中心部は筒状花で周辺は舌状花

田の畦や湿地に生え、ときに群生する

高さ20〜60cm

キク科

タカサブロウ【高三郎】

- 別名 モトタカサブロウ
- 学名 *Eclipta thermalis*
- 花期 7〜9月
- 生活 一年草
- 分布 本州〜沖縄、小笠原
- 生育 水田周辺、湿地

熟した痩果は触れると剥がれ落ちる

中央に筒状花、周囲に舌状花が並ぶ

高さ20〜60cm

葉はアメリカタカサブロウよりやや幅広

稲刈り前後の畦などで見かけることが多い

アメリカタカサブロウ（P.43）より古い帰化植物だが、いつ渡来したかは不明。果実は小さな痩果が集まり浅い半球状を成す。熟した果実は緑色から黒になり、こぼれ落ちる。

ダンドボロギク【段戸襤褸菊】

キク科

学名 *Erechtites hieraciifolius*

- **花期** 9〜10月 **生活** 一年草
- **分布** 北アメリカ原産
- **生育** 道端、荒れ地、草地

花は筒状花のみからなる

葉は長さ20〜30cmで互生する

高さ50〜150cm

ベニバナボロギクに似るが花は白く上を向く

1933年に愛知県段戸山で見つかったので、この名がついた。直立した茎は上部で分枝し、先端にたくさんの筒状花をつける。伐採跡地などに多く、パイオニア植物的なところもある。

キク科

ミズヒマワリ【水向日葵】

学名 *Gymnocoronis spilanthoides*
花期 6〜11月　**分布** 熱帯アメリカ原産
生活 多年草　**生育** 湖沼、河川、水路

花は直径約2cm

痩果は約2mmで稜がある

高さ50〜150cm

表裏とも無毛でやや光沢がある

📷 観察ポイント

花後は枯れたように下を向くが、中にはしっかり果実ができている。

湖沼の岸辺や流れの緩い川や水路に見られる

熱帯アメリカ原産で1995年に愛知県で確認され、現在は関東、東海、近畿地方を中心に分布を広げている。アクアリウムなどの水槽から逸出したようで、ちぎれた枝からも発根して増える。

カシワバハグマ【柏葉羽熊】固

キク科

学名 *Pertya robusta*

花期 9〜10月　分布 本州〜九州
生活 多年草　生育 林縁、林内

📷 観察ポイント

花の細く切れ込んだ裂片の様子が僧の使う仏具の羽熊に似て、葉がカシワの葉に似るところから名前がついた。

花は両性の筒状花のみからなる

高さ30〜50cm

葉は長さ10〜20cm、幅は6〜14cm

やや乾燥気味の林縁や林内に生える

葉は茎の中ほどにまとめて互生する。さらにその上へ茎を伸ばし、先端に数個の頭花をつける。頭花は両性の筒状花のみ。白い花冠は細く、5深裂してねじれ、美しい。

キク科

コウヤボウキ【高野箒】固

学名 *Pertya scandens*

- 花期 9～11月
- 生活 落葉小低木
- 分布 本州（関東地方以西）～九州
- 生育 林縁、明るい林床

林の縁などで細長い茎を垂らすように伸ばし、先端に筒状花だけからなる白い花をつける。高野山で本種の茎を束ねて箒にしたことが名の由来。正確には草ではなく木本になる。

📷 観察ポイント

全体に細く、葉も小さいので、花が咲かないと存在に気づかないことが多い。初冬に冠毛のついた果実を開く。

花の直径は約1.5cm

痩果には冠毛がある

茎は細長い

葉は角の丸い三角形

高さ50～100cm

葉を互生させた細くしなやかな茎の先端に花をつける

スズラン【鈴蘭】

キジカクシ科

- 別名 キミカゲソウ
- 学名 *Convallaria majalis* var. *manshurica*
- 花期 4〜5月
- 生活 多年草
- 分布 北海道〜本州（中部以北）
- 生育 山地の草原、草地

葉は長さ10〜17cmで粉緑色

葉はふつう2枚が抱き合うように根生する

花は直径8〜9mmで下向きに咲く

高さ15〜35cm

葉はギョウジャニンニクに似るが有毒なので決して食べてはいけない

草地や林縁などに生える。春から初夏にかけて葉より短い花茎を直立させて、淡紫色〜白色の花を穂状にややまばらにつける。花被片（花びら）は6枚。雄しべは6本で、雌しべは上向きに反り返る。

キジカクシ科

オオバジャノヒゲ【大葉蛇の髭】 固

- 学名 *Ophiopogon planiscapus*
- 花期 6〜8月
- 生活 多年草
- 分布 本州〜九州
- 生育 林床、木陰

花は白〜淡紫色

種子は灰緑黒色で目立たない

花茎は緑色〜紫緑色で斜上する

葉は長さ15〜40cm、幅5〜7cm

高さ15〜30cm

📷 観察ポイント

葉はジャノヒゲとヤブラン（街中編P.210）の中間的な感じだが、花色が淡くうつむいて咲く様子はジャノヒゲ属の特徴。

新緑の色濃い梅雨時に林床で咲いているのをよく見る。葉の幅はジャノヒゲ（街中編P.53）の倍以上あり、厚みもある。花も大きく数も多いので豪華な印象。

イケマ【生馬/牛皮消】

- **学名** *Cynanchum caudatum*
- **花期** 7〜8月
- **生活** 多年草
- **分布** 北海道〜九州
- **生育** 林縁、草地、道端

キョウチクトウ科

花は放射状につく

アイヌの人々にとっては昔から重要な薬草だった

📷 観察ポイント

若芽は山菜として食べられるが、有毒植物なので取扱いには要注意。アサギマダラの幼虫はこの葉を食べて毒を我が身に取り込み、捕食者から身を守るという。

林縁の木に巻きついて伸び、山道ではガードレールや標識などに絡みついているのをよく見る。長い柄をもつハート形の葉は対生し、そのつけ根から花茎を伸ばして花をつける。

葉はハート形で対生

つる性

キンポウゲ科

ニリンソウ【二輪草】

- 学名 *Anemone flaccida*
- 花期 4〜5月
- 生活 多年草
- 分布 北海道〜九州
- 生育 湿った林床や林縁、沢沿い

📷 観察ポイント

5〜7枚ある白い花びらは、花弁ではなく萼片。山菜として食されるが、猛毒トリカブトの葉と酷似するので、白い花や蕾を確認して採るようにしたい。

花の直径は約2cm

高さ10〜25cm

花柄はやや赤みを帯びる

葉は3深裂する

仲間！

イチリンソウ 固

ニリンソウと近縁でこちらは花茎にふつうひとつだけ花をつける。どちらもスプリングエフェメラルと呼ばれる春植物

湿った林床や渓流沿いなどに群生し、春に一斉に白い花を咲かせる様は見事。茎についた葉の上に花茎を伸ばし、ふつう2個（1〜4個）の白い花をつけるのでこの名がある。

アズマイチゲ【東一華】

キンポウゲ科

学名 *Anemone raddeana*
花期 3～5月
生活 多年草
分布 北海道～九州
生育 落葉広葉樹林の林床、林縁

花の直径は2～3cm

葉は垂れ下がる

高さ15～20cm

育った茎はほぼ無毛

名前は東のイチゲ（イチリンソウ）の意

落葉広葉樹の葉が広がる前に、林床や林縁にいち早く芽生え、花をつける。白い美しい花びらは10枚前後あるが、花弁ではなく萼片。

📷 観察ポイント

よく似たキクザキイチゲよりも葉の切れ込みが浅く、葉が垂れる傾向が強い。育った茎に毛はほとんどなく、花の中心部の雄しべの基部は紫色を帯びるのが特徴。

キンポウゲ科

ボタンヅル【牡丹蔓】

学名 *Clematis apiifolia* var. *apiifolia*

- 花期 8〜9月
- 生活 つる性の半低木
- 分布 本州〜九州
- 生育 林縁、フェンス、垣根

ほかの植物やフェンスに絡みついて伸び、夏から秋にかけて白い花をたくさん咲かせる。花弁に見える4枚は萼片で、萼片と同じくらいの長さの白い雄しべが多数あり、目立つ。

つる性

葉は3小葉からなる

花の直径は約2cm

センニンソウ同様日本の野生クレマチスのひとつ

📷 観察ポイント

荒い鋸歯のある3小葉がボタンの葉に似るのが名の由来で、よく似たセンニンソウ（街中編P.55）との見分けるポイントになる。花はセンニンソウよりも小さく繊細な感じ。

アキカラマツ【秋唐松】

学名 *Thalictrum minus* var. *hypoleucum*

花期	7～9月
生活	多年草
分布	北海道～九州
生育	林縁、土手、草地

キンポウゲ科

夏に多いカラマツソウの仲間のうち、秋まで咲くのでこの名がついた。花には花弁がなく、萼も開花後すぐに散るため、たくさんの雄しべのみがよく目立つ。

花弁はないが雄しべが目立つ

茎も葉も花も繊細さが目を引く

高さ40～100cm

葉は細かい多数の小葉からなる

📷 観察ポイント

細かい小葉が観葉植物のアジアンタムに似て、なかなか繊細で美しい。

ケシ科

タケニグサ【竹似草／竹煮草】

別名 チャンパギク
学名 *Macleaya cordata*
花期 6〜8月
生活 多年草
分布 本州〜九州
生育 荒れ地、崩壊地、林縁

崩壊地などに真っ先に生えるパイオニア植物のひとつ。名前の由来は、茎が中空だから「竹似草」説と、一緒に煮ると筍が柔らかくなるという「竹煮草」説がある。

花は先の赤い雌しべを雄しべが囲む

📷 観察ポイント

花は開くと同時に包んでいた萼が散り、花弁もなく、先が赤い一本の雌しべを多数の雄しべが囲むように咲く。

果実は長楕円形で平たい

葉は長さ20〜40cm、裏は白い

高さ1〜2m

茎は中空

草丈は2mを超えることも珍しくない

オカトラノオ【岡虎の尾】

学名 *Lysimachia clethroides*

- **花期** 6〜7月
- **生活** 多年草
- **分布** 北海道〜九州
- **生育** 草地

サクラソウ科

花の直径は8〜9mm

果実はサクラソウ科特有の球状

高さ50〜100cm

葉は互生する

明るい緑の葉と純白の花穂はとても清々しい

📷 観察ポイント

オカトラノオのオカは、丘（岡）の意味で沼地に生える近縁のヌマトラノオに対比したもの。ヌマトラノオは花穂が細めで曲線を描かず、ほぼ直立する。

丘陵地の日当たりの良い草原などで地下茎を横に伸ばして群生することが多い。虎の尾にたとえられた優雅な曲線を描く花穂は、つけ根から先端に花が咲き進んでいく。

サクラソウ科

ハマボッス【浜払子】

学名 *Lysimachia mauritiana*

花期 5〜6月
生活 越年草
分布 北海道〜沖縄
生育 海岸の岩場周辺

台風の波しぶきや冬の寒風を低いロゼット状で耐え、初夏にのばした茎の先に白い花を総状につける。葉は多肉質で光沢があり、茎は赤い。花を僧侶がもつ払子にたとえて名がついた。

花は直径約1㎝

観察ポイント

茎の先に小さな葉のようについた苞葉の間から白い花を咲かせる。花は5深裂し、一見5弁のように見える。

茎は赤みを帯びる

葉は多肉質で光沢がある

高さ10〜40㎝

海岸の岩場やその周辺に生える海浜植物

オドリコソウ【踊り子草】

シソ科

学名 *Lamium album* var. *barbatum*

- **花期** 3〜5月
- **生活** 多年草
- **分布** 北海道〜九州
- **生育** 林縁、道端、土手

高さ30〜50cm

花は茎上部の葉のつけ根に輪生する

葉は対生する

茎は分枝せず直立する

📷 観察ポイント

花は対生する葉の上で、茎を囲むように外側を向いて並んで咲く。まるで菅笠をかぶりながら、輪になって踊っているようなので、この名がついた。優しい雰囲気の草である。

ヒメオドリコソウ(写真左下)と比べて大きい

林縁や田の畦などに群生していることが多く、明るい林床など半日陰にも生える。葉には、はっきりとした鋸歯があり対生する。花色は白色、黄白色、淡紅色と変化が多い。

シソ科

シロネ【白根】

学名 *Lycopus lucidus*

- **花期** 8～9月
- **生活** 多年草
- **分布** 北海道〜九州
- **生育** 水辺、湖沼畔

水辺の地下に、白く太い地下茎を横に走らせ、そこから地上茎を立ち上げるが、この白い根が名前の由来にもなっている。

高さ80〜120cm

葉は対生する

花は葉腋につく

茎は地下茎から直立する

📷 観察ポイント

よく見ると茎の断面は四角く、花は唇形花と、シソ科の特徴を備えていることがわかる。

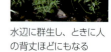

水辺に群生し、ときに人の背丈ほどにもなる

60

ヒメシロネ【姫白根】

学名 *Lycopus maackianus*

花期 8〜10月
生活 多年草
分布 北海道〜九州
生育 水辺、湖沼畔

シソ科

その名のとおり、同じように水辺に生えるシロネ（P.60）を小さくしたような草。細いながら、やはり白い根茎をもつ。小さな白い唇形花には紅紫色の斑が入ることが多い。

高さ30〜70cm

葉は対生する

茎は地下茎から直立する

花は長さ4mmの唇形花

シロネの半分ほどの草丈で葉も細め

スイカズラ科

オトコエシ【男郎花】

学名 *Patrinia villosa*

花期 8〜10月
生活 多年草
分布 北海道〜九州（奄美諸島諸島まで）
生育 草地、草原

高さ60〜120cm

花は小さく、直径約4mm

茎の断面は丸くて中空

秋の草地や林縁に生える多年草で、小さい合弁花を茎の先端に多数つける。オミナエシ（P.133）より茎が太く、がっちりした印象なので、この名がついた。

葉は対生する

オミナエシに似るが花色が白色なので、間違えることはない

ツルカノコソウ【蔓鹿の子草】

学名 *Valeriana flaccidissima*

- **花期** 4～5月
- **生活** 多年草
- **分布** 本州、四国、九州
- **生育** 木陰、林床、林縁

スイカズラ科

花が咲き終わるとランナーを伸ばして増えるカノコソウの仲間なので、この名がついた。ちなみにカノコソウは蕾や花が集まった様子が鹿の子斑に見えるところから。

花は漏斗状で長さ約2mm

📷 観察ポイント

40cmほどに伸びた茎の先端に白色～淡紅色の小さな花をたくさんつける。全体に瑞々しく柔らかな感じがする。

高さ20～40cm

葉は対生する

茎は柔らかくて中空

林縁や林床、沢沿いなどのやや湿った半日陰の場所に見られる

スミレ科

ニョイスミレ【如意菫】

別名 ツボスミレ
学名 *Viola verecunda*

3〜5月
多年草
北海道〜九州
湿った林床、林縁、草地

高さ5〜20cm

花は直径約1cm

若い果実。熟すと3裂開する

📷 観察ポイント

花は白くて小さめで、唇弁と呼ばれる下の真ん中の花弁に紫色の線が入る。花の後ろに伸びる距はまるく短い。

茎は次第に立ち上がる

葉はハート形で浅い鋸歯がある

やや湿った環境に生え、林床や林縁で小さく群れていることが多い

茎がはっきりと立ち上がるスミレで、葉は僧侶が読経や説法のときに持つ如意という仏具（本来は意のままに届く孫の手）に似ていることが名の由来といわれる。

ニョイスミレの仲間

マルバスミレ【丸葉菫】

- 学名 *Viola keiskei*
- 花期 4～5月
- 生活 多年草
- 分布 本州～屋久島
- 生育 林縁の斜面、草地

高さ5～10㎝。葉が丸いハート形なのでこの名がついたが白い花弁も比較的幅広なので、ぽっちゃりした印象がある。ふつう全体に細毛がある。

エイザンスミレ【叡山菫】

- 学名 *Viola eizanensis*
- 花期 4～5月
- 生活 多年草
- 分布 本州～九州
- 生育 林下、林縁

比叡山に生えていたのでついた名らしいが、他にもふつうにある。3裂した葉が特徴的で花色は変化に富む。側弁には毛がある。

スミレサイシン【菫細辛】

- 学名 *Viola vaginata*
- 花期 4～5月
- 生活 多年草
- 分布 北海道、本州、四国
- 生育 林内

日本海側の低山に多く、春に林床で直径2～2.5㎝の淡紫色の花を開く。葉がウスバサイシンに似るのが名の由来。距はまるい。

(写真2点とも：山田達朗)

ナガバノスミレサイシン【長葉の菫細辛】

学名 *Viola bissetii*

花期 3～5月　生活 多年草
分布 本州、四国
生育 林床、林縁

高さ5～10cm。スミレサイシンは葉がハート形で日本海側に多いが、本種はより葉が長く太平洋側に多い。葉が開ききる前から花が咲き始める傾向がある。

コスミレ【小菫】

学名 *Viola japonica*

花期 3～4月　生活 多年草
分布 本州～九州
生育 山野、林下、林縁

林内から人里まで生活圏は広く春早くから咲く。葉の裏はうっすらと紫がかり、花はふつう淡紫色だが個体差が大きい。距は長め。

オカスミレ【丘菫】

学名 *Viola phalacrocarpa*

花期 4～5月　生活 多年草
分布 北海道～九州
生育 林縁、山の斜面

花は濃いめの紅紫色が基本だが変化が多い。全体ほぼ無毛で花の側弁内側にだけ毛がある。距は細長くてやや上方に反る。

オオタチツボスミレ【大立坪菫】

学名 *Viola kusanoana*
花期 4〜6月　**生活** 多年草
分布 北海道〜九州
生育 林縁、林床

高さ15〜25㎝。タチツボスミレに似るが大型で花茎が全て地上茎の途中からでること、花の距がほぼ白色であることなどの特徴をもつ。葉脈は凹む。

(写真2点とも：新井和也)

アケボノスミレ【曙菫】

学名 *Viola rossii*
花期 4〜5月　**生活** 多年草
分布 北海道〜九州
生育 林縁、山の斜面

日当たりの良い林縁や斜面に生える。曙の空のようなピンクがかった紅紫色が特徴で葉が開ききる前から咲き始める。距は丸くて短い。

アオイスミレ【葵菫】

学名 *Viola hondoensis*
花期 3〜4月　**生活** 多年草
分布 本州〜九州
生育 道端、林縁

高さ4〜8㎝。丸い葉がフタバアオイの葉に似ているのが名の由来。全体に毛が多く、花は上弁が二つ並んで直立した感じ。花期が早いのも特徴。

(写真2点とも：山田達朗)

セリ科

シラネセンキュウ【白根川芎】

別名 スズカゼリ
学名 *Angelica polymorpha*

花期 9〜11月
生活 多年草
分布 本州、四国、九州
生育 沢沿い、湿った林縁

沢沿いや湿った林縁などで出会うことが多い。花はほかのセリ科植物と同様、白い小花が集まって小さな塊をつくり、それがさらに集まって大きな笠のようになる。

小花は5弁花

葉は細かい羽状で鋸歯は不規則

やや紫色がかる傾向がある

📷 観察ポイント

茎は節ごとに葉や茎を出す。茎はその度に葉の反対側へ伸びるので、横から見るとジグザグに育っていくように見える。

湿った環境に生える

高さ80〜150㎝

68

シシウド【猪独活】

学名 *Angelica pubescens* var. *pubescens*

- **花期** 5〜10月
- **生活** 多年草
- **分布** 本州（関東、中部、近畿、中国）、四国、九州
- **生育** 草原、野原

📷 観察ポイント

パラソル状の花序は、直径40cm以上になるものもあり壮観だ。ウド（P.34）に似るが、それより荒々しいので名がついた。

小さな5弁花がパラソル状に集まる

果実は楕円形で平たく翼がある

枝分かれしながら伸びる

葉鞘は膨らむ

高さ1〜2m

山の草原や林縁などに生える

日本のセリ科植物では最大級の2m近くにまで育つ。夏から秋にかけて、茎の先端に小さな花が集まり、レースのパラソルのような花をつける。

セリ科

セリ科

シャク【杓】

別名 ヤマニンジン、コジャク
学名 *Anthriscus sylvestris* subsp. *sylvestris*

- **花期** 5〜6月
- **分布** 本州〜沖縄
- **生活** 多年草
- **生育** 沢沿い、湿った林縁

📷 観察ポイント

白いレース状の花の外側の花弁が大きいのも特徴的。

高さ60〜120cm

周辺部の花は外側の花弁が大きい

葉は羽状に細かく切れ込む

茎は中空

山の谷あいや湿った林縁などに生える

葉も花も繊細なセリ科植物。若い茎や葉、根は食用となるためヤマニンジンの別名もある。フランス料理でおなじみのハーブのセルフィーユ（チャービル）と近縁なのでワイルドチャービルとも呼ばれる。

ヤマブキショウマ【山吹升麻】

セリ科

学名 *Aruncus dioicus*

花期 6〜8月　**分布** 北海道〜九州
生活 多年草　**生育** 林縁、草地

📷 **観察ポイント**

小葉は先が長く尾状に尖り、ヤマブキの葉に似るのが名の由来。雄花の雄しべは約20本、雌花の雌しべは3本で、2本のトリアシショウマやアカショウマと区別できる。

高さ40〜120㎝

花弁は5枚、雄しべが長くて目立つ

雌しべは3本

葉は2回3出複葉

山地の林縁や草地に生えるが北海道では平地にも見られる

地下の根茎から茎を立ち上げ林縁などで小さく群生していることが多い。雌雄異株で雄花は雄しべが長い分花穂は太く見え、雌花の花穂は細くみえる。新芽は山菜として利用される。

セリ科

セントウソウ【仙洞草】

別名 オウレンダマシ
学名 *Chamaele decumbens* var. *decumbens*

花期 3〜5月
生活 多年草
分布 本州〜九州
生育 林床、林縁

林床の半日陰の環境に、細かく切れ込んだ小さめの根生葉を多数出す。4〜5月に葉より長い花茎が伸び、先に小さな白い花がまとまってつく。葉柄や花茎は紫褐色を帯びることが多い。

花は直径2〜3mmの5弁花

高さ10〜25cm

茎は紫色を帯びることが多い

葉は羽状に細かく切れ込む

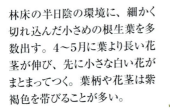

草丈も低く目立たないが繊細な美しさがある

📷 **観察ポイント**

小さく全体的に無毛で柔らかそうな草で、オウレンに似るところからオウレンダマシの別名がある。

ハマゼリ【浜芹】

- **別名** ハマニンジン
- **学名** *Cnidium japonicum*
- **花期** 8 〜 10月
- **生活** 越年草
- **分布** 北海道〜九州
- **生育** 海岸の砂地、岩場

セリ科

花は直径3〜4mm、5弁花で花弁は内側に巻き込む

葉は多肉質

高さ10 〜 50cm

茎は低く広がり斜上する

📷 観察ポイント

葉は多肉質でつやがあり、潮風や乾燥にも強い。

潮風と暑さに耐えながらロゼット状に平伏して花を咲かせる。

波しぶきがかかるような海岸の岩場や砂地に生える。葉は多肉質で、細かく切れ込む。花の雄しべの葯が紫色で目立つ。果実はやや扁平の稜のある球形で熟す赤紫色を帯びる。

セリ科

ハマボウフウ【浜防風】

学名 *Glehnia littoralis*

- **花期** 6〜7月
- **生活** 多年草
- **分布** 日本全土
- **生育** 砂浜

高さ5〜40cm

直径約4mmの花を密につける

葉は光沢がある

茎には軟毛が密生する

📷 観察ポイント

風や日射の強い場所ではほとんど花茎を立てず、花が砂に埋もれながら咲く。穏やかな環境では茎が30〜40cmほど伸び、先に笠状の花序を広げる。

砂浜に太い根を深く伸ばして肉厚で光沢のある葉をロゼット状に広げる。初夏に小さな花が集まった笠状の花序をつける。若い葉は刺身のつまとして利用され、根は薬用とされる。

深い根や光沢のある丈夫な葉は砂浜に特化している

ボタンボウフウ【牡丹防風】

セリ科

- 学名 *Peucedanum japonicum*
- 花期 7〜9月
- 生活 多年草
- 分布 本州（関東以西）〜沖縄
- 生育 海岸の岩場、砂浜

海岸に生え、1〜3回3出複葉の大きな葉は粉緑色でボタンの葉に似ているのでこの名がある。ハマボウフウが砂浜に生えるのに対し、本種は岩場に生えることが多い。

花は5弁花が集まって咲く

厳しい環境では背が低い。
葉は食用、根は薬用

茎は紫褐色を帯びることが多い

葉は互生し、葉柄の基部が鞘状に茎を抱く

高さ15〜80cm

セリ科

セリ【芹】

学名 *Oenanthe javanica* subsp. *javanica*

- 花期 7〜8月
- 生活 多年草
- 分布 日本全土
- 生育 水田やその周辺、小川、湿地

花は5弁花で直径約3mm

葉は羽状に切れ込む

📷 観察ポイント

秋に地下茎から新芽を出し、小さな葉やロゼット状で越冬するので、1月7日の七草の頃は、まだやや紫色を帯びた越冬葉であることが多い。

高さ20〜50cm

茎には稜がある

田んぼや小川など湿った場所に生える

独特の爽やかな香りで昔から山菜や香味野菜として利用され春の七草のひとつとしても知られる。夏にたくさんの白い小さな花を笠状に咲かせる。

ヤマゼリ【山芹】

- 学名 *Ostericum sieboldii*
- 花期 7〜10月
- 生活 多年草
- 分布 本州、四国、九州
- 生育 林縁、林床

やや湿り気味の林縁などに生え、夏から秋にかけて枝分かれした茎の先に小さな白い花を多数つける。花が咲くまで2〜3年かかり、花をつけて結実すると株は枯れる。

セリ科

高さ50〜100cm

葉には粗い鋸歯がある

茎は中空

花は5弁花で直径約3mm

草丈は人の腰くらいまででセリ科ではMサイズ

センリョウ科

フタリシズカ【二人静】

学名 *Chloranthus serratus*
花期 4〜6月
生活 多年草
分布 北海道〜九州
生育 林床、林縁

高さ30〜60cm

花には花弁も萼もない

葉は茎の上部に対生する

樹々の新緑が鮮やかさを増すころ、その林床で対生した葉の中心に控え目な細い花穂をつける。この花穂が2本あるのでこの名がついたが、実際は1〜5本とさまざまだ。

📷 観察ポイント

葉は茎の上部に短い節間で対生しているので輪生のように見える。花穂は上を向いているが、結実すると果穂ごと下を向く。

茎は直立

二人静も群生するとちょっと姦(かしま)しい

仲間!

ヒトリシズカ

フタリシズカ同様センリョウ科の多年草で花穂がふつう1本なのでこの名がついた。白くて長い雄しべの花糸が目立つ。

ツルソバ【蔓蕎麦】

タデ科

学名 *Persicaria chinensis*
花期 5～11月
生活 多年草
分布 本州～沖縄
生育 海岸付近、道端、林縁

海岸付近の林縁や道端に地面を覆うように生える、つる性の多年草。暖地に多いこともあり春から初冬までほぼ一年中花が見られる。

花は直径3～5mm

📷 観察ポイント

花は数個から10個ほど集まって咲く。白い5枚の花びらに見えるはもの、花弁でなく萼。

節には托葉鞘があり葉柄には翼がある

葉は長さ4～10cm

茎は紫褐色を帯びる

つる性、長さ80～120cm

その名のとおりソバに似てつる性。海岸付近に多い

タデ科

ヤナギタデ【柳蓼】

- 別名 ホンタデ、マタデ
- 学名 *Persicaria hydropiper* var. *hydropiper*
- 花期 7〜10月
- 生活 一年草
- 分布 日本全土
- 生育 水辺、湿地、河原

花は直径約3mmで白色〜淡紅色

高さ30〜80cm

蓼食う虫も好き好きで知られる苦味辛味の代名詞

📷 観察ポイント

花が咲いているときは白っぽく見えるが、蕾や果実の先は淡紅色を帯びている。ボントクタデとよく似ているが、葉を噛んで辛ければ本種。

葉は長さ5〜10cm

水辺に生える一年草で、夏から秋にかけて、垂れ下がった花穂に小さな花をまばらにつける。葉に独特の辛味があり、昔から薬味として利用され、マタデ、ホンタデの名でも知られる。

シロバナサクラタデ【白花桜蓼】

学名 *Persicaria japonica*

花期 8〜11月
生活 多年草
分布 北海道〜沖縄
生育 水辺、湿地、河原

📷 観察ポイント

雌雄異株。花びらよりも雌しべが突き出ているのが雌花で、雄しべが突き出ているのが雄花。

高さ50〜100cm

茎は無毛

花は直径4〜5mm

托葉鞘表面には伏した毛がある

葉は長さ7〜16cm

地下茎で増え水辺や湿地に群生することが多い

水辺に生える多年草で、地下に横に伸びる茎があり群生する。サクラタデ（P.201）とよく似るが、本種の花は小ぶりで、白いのが特徴。

タデ科

81

タデ科

タニソバ【谷蕎麦】

学名 *Persicaria nepalensis*
花期 7〜10月
生活 多年草
分布 北海道〜沖縄
生育 水辺、湿地、河原

山の谷筋や林縁の湿ったところなどでよく見かける。ミゾソバ（P.205）に似るが全体に小型で、葉の基部が外側に張り出さず、葉柄には幅広い翼があるなどの点で区別できる。

花は直径4〜5mm

葉は長さ7〜16cm

葉柄に広い翼があり茎を抱く

茎は無毛

📷 観察ポイント

下部の葉が赤褐色に紅葉していることが多い。よく似たミヤマタニソバには葉柄に翼がないので区別できる

高さ50〜100cm

チゴユリ【稚児百合】

学名 *Disporum smilacinum*

- **花期** 4〜6月
- **生活** 多年草
- **分布** 北海道〜九州
- **生育** 林床、木陰

花は直径1〜1.5cm

葉は長さ4〜7cmで互生する

茎はふつう分枝しない

俯いて咲く花は可愛らしく様子を言い得た良い名前だ

高さ10〜25cm

📷 観察ポイント

うつむいて咲く可憐な花は、控えめで趣がある。花びらは6枚あるが、このうち3枚が花弁で、残りの3枚は萼片。

山野の林内に咲く小さな草で、その可愛らしい様子を稚児にたとえて名がついた。ふつう茎は分枝せず、先端に1個（ときに2〜3個）小さな白い花を下向きに咲かせる。

チゴユリ科

ツゲ科

フッキソウ【富貴草】

- **別名** キチジソウ
- **学名** *Pachysandra terminalis*
- **花期** 4～5月　**生活** 半低木
- **分布** 北海道～九州
- **生育** 林床、木陰

これがひとつの雄花。花弁はない

葉は厚めで密に互生する

茎は硬い

高さ20～30cm

常緑で地面を覆うのでグランドカバーにも利用される

📷 観察ポイント

花は白く見えるが、目立っているのは4本の雄しべと、その先端の紫褐色の葯。雌花は雄花の基部に隠れていて目立たないが、先が2つに別れた白い雌しべがある。

茎は地面を這い、先が立ち上がり群生する。春に茎の頂で穂状の花をつける。常緑でよく茂るため、縁起のよい草として「富貴草」の名がついたが、草本ではなく半低木に分類される。

ノミノフスマ【蚤の衾】

ナデシコ科

学名 *Stellaria uliginosa* var. *undulata*

花期 3～8月　**生活** 越年草
分布 北海道～九州
生育 田畑、道端、草地

田畑やその周辺でよく見かける小さな草だが、その葉を蚤の衾（昔の夜具で現在の掛け布団にあたる）にたとえたのが名前の由来。しかしノミノツヅリの葉よりは多少大きい。

花の直径は5～7mm

📷 観察ポイント

花は白色の5弁花だが花弁が二つに深裂するので10枚あるように見える。

細い茎が地を這うようにして広がる

高さ10～30cm

葉は明るい緑色

茎は赤みを帯びることが多く、よく枝分かれする

ヒルガオ科

ネナシカズラ【根無葛】

学名 *Cuscuta japonica*

- 花期 8〜10月
- 生活 一年草
- 分布 日本全土
- 生育 野原、林縁、河原

寄生されるクズの葉

茎から寄生根を出して寄生する

つる性

葉は小さい鱗片状に退化している

ほかの植物につる状の茎で絡まり、そこから寄生根を出して養分を吸収する寄生植物。自ら光合成を行わないため葉緑素はもたず、白色〜黄褐色をしている。

白い小さな花が穂状につく

📷 観察ポイント

地面で発芽したときには根があり、寄主に絡みつき寄生根を下ろすと根は枯れて、名前どおりの根無しになる。発芽後、数日以内に寄主にたどり着けないと枯れるという。

仲間!
アメリカネナシカズラ
その名のとおり北アメリカ原産で在来種のネナシカズラに似るが茎は黄色みが強く、花は平開し、しべが突き出て見えるのが特徴。

ゲンノショウコ【現の証拠】

フウロソウ科

- **別名** ミコシグサ
- **学名** *Geranium thunbergii*
- **花期** 7〜10月
- **生活** 多年草
- **分布** 北海道〜九州
- **生育** 草地、土手、畦道

果実は熟すと弾けて（写真右）種子を飛ばす

花は直径1〜1.5cm

葉は掌状に3〜5深裂する

高さ20〜40cm

西日本には紅紫色、東日本には白色の花が多い傾向がある

野原でふつうに見られるこの草は、昔から胃腸によく効く生薬として、これを飲むと治る「現の証拠」ということで名がついた。花は梅雨明け頃から秋まで咲き、夏の季語でもある。

ボタン科

ヤマシャクヤク【山芍薬】

学名 *Paeonia japonica*

花期 4〜6月
生活 多年草
分布 北海道〜九州
生育 落葉広葉樹林の林床

落葉広葉樹林の新緑の季節、林床に数枚の大きな葉を横に広げ、その中央の茎の頂に5〜7枚の花弁からなる白い花を上向きに咲かせる。

花は直径5〜8cm

高さ30〜50cm

大きな葉3〜4枚が横に広がる

石灰岩質の環境に生育するといわれている

📷 観察ポイント

花は平開せず、やや控えめに開き、名前のとおり山に咲くシャクヤクそのもので、清楚な美しさがある。近縁種に花の赤いベニバナヤマシャクヤクがある。

ネコハギ【猫萩】

学名 *Lespedeza pilosa*

- **花期** 7〜9月
- **生活** 多年草
- **分布** 本州〜九州
- **生育** 道端、乾いた草地、土手

マメ科

花は葉腋に数個つき白色

葉には毛が多い

茎にも毛が多い

長さ50〜100㎝

乾いた草地や空き地などで地を這って伸びる

📷 観察ポイント

茎が立って白い花を穂状につけるイヌハギに対して、毛が多くて猫のような感触なので、この名がついたと思われる。

紫色の斑がある白い蝶形花を葉腋につける。茎はほとんど立ち上がらず、長さが1mほどにもなるので、土手や崖からは長く垂れ下がる。

マメ科

シロバナシナガワハギ
【白花品川萩】

- **別名** コゴメハギ
- **学名** *Melilotus officinalis* subsp. *albus*
- **花期** 6〜8月
- **生活** 一年草または越年草
- **分布** 中央アジア〜ヨーロッパ原産
- **生育** 道端、荒れ地、河原

花序は長さ5〜15㎝

道端でも人の背丈ほどに成長する

茎は硬く、よく分枝する

高さ1〜2m

葉は3小葉からなる

スイートクローバーの名で牧草として移入されたものが各地に広がった。よく分枝しながら直立し、黄花のシナガワハギ（P.148）よりやや大型で、花序も長い。コゴメハギの別名がある。

ダイモンジソウ【大文字草】

学名 *Saxifraga fortunei* var. *mutabilis*
- **花期** 7〜10月
- **生活** 多年草
- **分布** 北海道〜九州
- **生育** 沢沿い、湿った岩場、崖

ユキノシタ科

根元から長い柄の先に、浅い切れ込みのある腎円形の葉を出す。そのあいだから花茎を伸ばして、大の字の形をした白い花を咲かせる。

高さ10〜30cm

花弁は5枚、上3枚は小さく下2枚は大きい

📷 観察ポイント

広い範囲に分布するため、地域によって花弁の長さや幅、反り方などが微妙に異なる。

渓流沿いの湿った岩場などに生える

葉は腎円形

ユキノシタ科

ユキノシタ【雪の下】

学名 *Saxifraga stolonifera*

花期 5〜6月　**生活** 多年草
分布 本州〜九州
生育 沢沿い、湿った岩場、石垣

湿った岩場や石垣に生えて走出枝を出して増える。全体に毛が多く、腎円形の葉は葉脈に沿って白く模様が入り、葉裏や茎は赤紫色を帯びることが多い。

📷 観察ポイント

花はダイモンジソウ（P.91）と同様、上3枚は小さく下2枚は大きいが、上3枚に赤と黄の模様が入る。この模様は個体差があり、変化に富む。

花は上3枚は小さく赤と黄の斑紋がある

高さ20〜50cm

茎は赤紫色を帯びる

山菜としても知られ、特に葉の天ぷらは有名

葉は腎円形で葉脈が白い

ウバユリ【姥百合】

学名 *Cardiocrinum cordatum*

花期	7〜8月
生活	多年草
分布	本州（関東以西）〜九州
生育	林内、林縁

ユリ科

林下などに生え、長い柄のある卵形に近いハート形の葉を茎の基部に集中的につける。直立した硬い茎の上部につく花は白いがやや緑色をおびる。

高さ50〜100cm

（写真：山田達朗）

花は長さ10〜18cmで横向きに咲く

単子葉類なのに網状脈

茎は硬く丈夫

花は茎の上部に数個〜十数個つける

ユリ科

ヤマユリ【山百合】固

学名 *Lilium auratum* var. *auratum*

花期	6〜8月
生活	多年草
分布	本州（近畿地方以北）
生育	林縁、土手

夏に林縁や山の斜面の草地などで大きく育った茎の先に、よく目立つ大きな白い花を複数咲かせる。花びらには黄色い中央線と赤褐色の細かい斑点があり、先端は反り返る。

高さ1〜1.5m

葉は互生する

茎は硬いがしなやか

花の直径は15〜20㎝

崖や斜面から垂れ下がるように咲くことが多い

📷 観察ポイント

花は芳香を放って蝶を誘い、雄しべの大きな葯にある大量の花粉を翅（はね）に付着させて運んでもらう。この時期、クロアゲハなどの翅は、花粉で赤褐色に染まっているのをよく見かける。

センブリ【千振】

学名 *Swertia japonica* var. *japonica*
花期 8〜11月
生活 二年草
分布 北海道（西南部）〜九州
生育 草地、林縁

ユリ科

白地に紫色のすじがある合弁花

📷 観察ポイント

「苦くて千回振り出しても苦い」という意味でこの名がある。ゲンノショウコ（P.87）、ドクダミ（街中編P.70）とともに日本の3大民間薬とされる。

葉は細く、対生する

高さ5〜20cm

茎は細いが硬く、紫がかる

花が咲くまで探し出すのが難しいほど地味

明るい林縁や草地に咲く小さな花だが、全草に苦みがある。昔から開花期の全草を乾燥したものをトウヤク（当薬）と呼び、煎じるなどして胃腸薬に用いた。日本の生薬で、漢方薬には使われない。

95

アオイ科

イチビ【茴麻】

別名 キリアサ
学名 *Abutilon theophrasti*

花期 7〜9月
生活 一年草
分布 インド原産
生育 道端、畑、草地

以前は繊維作物として栽培されたが、今は畑や荒れ地、牧草地などに帰化している。全体に異臭がある。

アオイに似た花は直径約2cm

葉はまるいハート形で互生

茎をはじめ全体に軟毛がある

果実は10〜16個の分果からなる

高さ80〜120cm

カラスノゴマ【烏の胡麻】

アオイ科

学名 *Corchoropsis crenata*
- **花期** 8〜9月
- **生活** 一年草
- **分布** 関東以西〜九州
- **生育** 畑周辺、荒れ地、道端

農道脇や荒れ地で見かける。花はうつむいて葉影に咲くので目立たないが、前に突き出た仮雄しべが雄しべより長いのが特徴的。全体に星形の毛がある。

花の直径は約6〜8mm

果実はサーベルのような形で細い円筒状

高さ30〜60cm

葉は表裏とも毛があり鋸歯はまるい

茎にも星形の毛が多い

種子をカラスの胡麻にたとえたのが名の由来

97

アカバナ科

オオマツヨイグサ【大待宵草】

- 学名 *Oenothera glazioviana*
- 花期 7〜9月
- 生活 北アメリカ原産
- 分布 河原、海岸、荒れ地
- 生育 7〜9月

花の直径は約8cm

高さ120〜160cm

花は萎れても赤くならない

茎には硬い毛がある

葉は長さ6〜15cm

暗くなると、見る間に大きな黄色い花を開く

日没頃開きはじめる黄色い花は日本で見られるマツヨイグサの仲間で最大で、翌朝萎んだ後も赤くならない。イブニングプリムローズの名のハーブとしても知られる。

オオマツヨイグサの仲間

マツヨイグサ【待宵草】

- 学名 *Oenothera stricta*
- 花期 5〜7月
- 生活 多年草
- 分布 南アメリカ原産
- 生育 道端、河原、土手

道端や土手で春のうちから咲き始め、数本が株立ちしていることが多い。葉は細く茎には毛がある。

花は萎れると赤くなる

葉は他種より細い

高さ40〜80cm

コマツヨイグサ【小待宵草】

- 学名 *Oenothera laciniata*
- 花期 7〜8月
- 生活 越年草
- 分布 北アメリカ原産
- 生育 海岸、道端、空き地

きれいなロゼットで冬を越し、海岸や暖地では春から花をつけるものもある。ほふく性でやや斜上もする。

ほふく性

花は萎れると赤くなる

茎の葉と根生葉はまったく形が違う

メマツヨイグサ【雌待宵草】

- 学名 *Oenothera biennis*
- 花期 6〜9月
- 生活 越年草
- 分布 北アメリカ原産
- 生育 道端、河原、空き地

河原から道端までその生育環境は多様。茎には上向きの毛があり葉の主脈は赤みを帯びる傾向がある。

高さ50〜150cm

花は萎れても赤くならない

葉は長さ5〜15cm

アカバナ科

ヒレタゴボウ【鰭田牛蒡】

|別名| アメリカミズキンバイ
|学名| *Ludwigia decurrens*

|花期| 8〜10月　|生活| 一年草
|分布| 北アメリカ〜熱帯アメリカ原産
|生育| 水田、湿地、川縁

高さ80〜150cm

花の直径は2〜2.5cmで、花弁は4枚

水田に生える大きな草で近縁の在来種チョウジタデの別名がタゴボウであるところから、茎にヒレ（翼）のあるタゴボウの意味の名がついた。花は4弁なのが特徴。

葉は互生し基部は茎の稜につながる

茎にはヒレ状の稜がある

大きいものは人の背丈ほどになる

ハルザキヤマガラシ【春咲山芥子】

アブラナ科

別名 フユガラシ、セイヨウヤマガラシ
学名 *Barbarea vulgaris*
花期 4～6月　**生活** 多年草
分布 ヨーロッパ原産
生育 河原、土手、道端

高さ30～60cm

花の直径は約6mm

比較的涼しい地方でよく見かける小型の菜の花。春先に河原や土手を埋めつくして咲いていることが多い。花は小さいものの、数多く密につき、色は濃いめで鮮やか。

やや厚めで光沢があり、基部は茎を抱く

茎はほぼ無毛

茎葉はクレソンに似た風味があり食用になる

アブラナ科

イヌナズナ【犬薺】

学名 *Draba nemorosa*

花期	3〜6月
生活	越年草
分布	北海道〜九州
生育	道端、畑地、草地

ナズナ（街中編P.34）の花を黄色くした感じだが、全体に小型で、果実は楕円形。帰化植物のシロイヌナズナ（街中編P.33）が都市部に増えているのと対照的に、郊外で見かけることが多い。

花は直径約3mmの4弁花

茎には星状毛を含む毛が密生する

果実は扁平な楕円形

葉の両面の毛にも星状毛が混ざる

ロゼット状で越冬し春早くから花茎を伸ばす

高さ10〜20cm

トモエソウ【巴草】

学名 *Hypericum ascyron*

花期 7〜9月　**生活** 多年草
分布 北海道〜九州
生育 山の草地、河川敷

日本のオトギリソウの仲間では最大で、花の直径は約5cmもある。花弁が渦を巻いたような巴状(ともえ)になるところから名がついた。

オトギリソウ科

花の直径は約5cm

茎は直立する

葉は対生し基部はやや葉を抱く

まだ萎れた花弁の残った若い果実

📷 観察ポイント

オトギリソウの仲間には、葉や萼片に黒い小さな点や線があるのだが、本種にはそれがまったくなく、すっきりしている。

山や河川敷などの日当たりの良い草地に生え、ときに群生する

高さ50〜130cm

103

オトギソウ科

コゴメバオトギリ【小米葉弟切】

別名 セイヨウオトギリ
学名 *Hypericum perforatum* subsp. *chinense*
花期 6〜8月　生活 多年草
分布 ヨーロッパ原産
生育 草地、荒れ地、道端

在来種のオトギリソウよりも細かく分枝し、葉も細かいのでこの名がついた。ヨーロッパ原産のハーブでセントジョンズワートの名で知られ、うつ病の改善や精神安定に効果があるといわれる。

花弁の先に細かい鋸歯と黒点がある

高さ30〜80cm

茎には2本の稜がある

葉には明点があり縁には黒点がある

在来のオトギリソウ以上に歴史ある薬草

センダングサ【栴檀草】

学名 *Bidens biternata* var. *biternata*

花期 9～11月　**生活** 一年草
分布 本州（関東地方 以西）～九州
生育 水辺、水田、周辺、畑地

舌状花は2～4個

高さ40～150cm

茎には4稜あり断面は四角に近い

葉は羽状に裂ける

観察ポイント

舌状花の花びらが黄色いのが特徴で花は比較的まばらにつく。

原産地および渡来年代や経路の詳細も不明だが、古い時代に渡来した帰化植物と考えられている。最近は新参のコセンダングサ（街中編P.106）などにおされてか、数は多くない。

やや湿った環境に多く見られ、疎らに群生する

キク科

キク科

タウコギ【田五加木】

学名 *Bidens tripartita* var. *tripartita*

花期 8〜10月
生活 一年草
分布 北海道〜沖縄
生育 水田、湿地

田や湿地に生える在来種のセンダングサ（P.105）の仲間。花の下の総苞片が大きいところはアメリカセンダングサ（街中編P.105）に似るが、花は大きく全体に太いのに、草丈は低めなのでずんぐりした感がある。

高さ30〜100㎝

花は筒状花のみからなる

下方の葉は3〜5裂で対生する

茎はわずかに短毛がある

田に生えて葉がウコギに似るのが名の由来

イソギク【磯菊】固

キク科

学名 *Chrysanthemum pacificum*

- **花期** 10〜11月
- **生活** 多年草
- **分布** 千葉県〜静岡県、伊豆諸島
- **生育** 山地、林縁

花はふつう筒状花のみからなり、香りがある

高さ15〜40㎝

葉は裏面に銀白色の毛が密生する

茎は硬く基部は半木質化する

📷 観察ポイント

葉裏には銀白色の細毛が密生し白く見える。この毛は縁までかかるため、表から見ると緑色の葉が銀白色で縁取られ、花のない時期でも観賞価値が高い。

自生地は限られているが、各地に観賞用として植えられている。ふつう花は筒状花のみだが、まれに白い舌状花をもつものもあり、これはハナイソギクと呼ばれる。

海岸の岩場で地下茎をのばして群生する

キク科

キクタニギク【菊渓菊】

- 別名 アワコガネギク
- 学名 *Chrysanthemum seticuspe*
- 花期 10〜11月
- 生活 多年草
- 分布 本州（岩手県〜近畿地方）、四国、九州の一部
- 生育 丘陵地、林縁、崖、切通

京都の菊渓の自生地に因んだ名だが、黄色い花が群生する様子からアワコガネギクの別名がある。道路の法面緑化に中国、韓国産の種子を使ったため、在来種との間に交雑が起きている。

高さ1〜1.5m

花は筒状花も舌状花も黄色

茎は上部で多数分枝する

葉は深く切れ込む

林縁や崖などで垂れ下がるように群生していることが多い

ヤクシソウ【薬師草】

学名 *Crepidiastrum denticulatum*

花期	8～11月
生活	越年草
分布	北海道～九州
生育	林縁、道端、崖や斜面

キク科

小さな黄色い花をまとめて咲かせる。花は筒状花がなく、舌状花だけからなる。蕾から開花までは上を向き、花が閉じると下を向く。

高さ30～120㎝

花は十数個の舌状花からなる

山の道端や斜面などに生える

葉の基部は茎を抱く

茎は赤紫色を帯び、切ると白い乳液が出る

📷 観察ポイント

小さな黄色い花をまとめて咲かせる。花は筒状花がなく、舌状花だけからなる。蕾から開花までは上を向き、花が閉じると下を向く。

キク科

ワダン 固

学名 *Crepidiastrum platyphyllum*
花期 9〜11月
生活 多年草
分布 関東南部〜東海地方
生育 海岸の岩場、礫地

高さ20〜50cm

ふつう5個の舌状花からなる

📷 観察ポイント

倒卵形で全縁の葉は特徴的で花の時期でなくとも見つけやすいが、個体数は減っている。

葉は柔らかくやや肉厚で裏は白い

茎は硬くて切ると乳液が出る

大きな葉を密につける姿は海のレタスのよう

海岸の岩場に生え、倒卵形の大きな葉を重なり合うようにつけ、秋に多数の黄色い花を茎の先端に咲かせる。海岸（ワタ）に生える菜でワタ菜、それがワダンとなったという。

ツワブキ【艶蕗】

キク科

学名 *Farfugium japonicum* var. *japonicum*
花期 10～12月
生活 多年草
分布 本州（福島県、石川県以西）～沖縄
生育 海岸付近

晩秋から初冬にかけて黄色い花を咲かせる。海岸性だけあって、肉厚で丈夫。葉の表面は光沢があり、葉裏や茎には毛が多い。

海岸付近で自生し、庭や公園にも植栽される

📷 観察ポイント

初冬の季語になっており、花の少ない季節に大きめの黄色い花がよく目立つ。越冬する虫たちの大切な吸蜜の場となる。

高さ40～80cm

花の直径は5～6cm

葉はフキ（街中編P.51）の葉を厚くして光沢を出した感じ

花茎や葉柄は硬めで毛がある

キク科

オグルマ【小車】

学名 *Inula britannica* subsp. *japonica*

花期 7～9月
生活 多年草
分布 北海道～九州
生育 湿地、川岸、田のふち

花の直径は3～4cm

葉が互生する茎の先に、夏から秋にかけて、筒状花とそれを囲む舌状花からなる黄色い花を咲かせる。

📷 観察ポイント

同じ環境に生えるカセンソウ（P.113）とよく似るが、本種の方が全体に柔らかく、総苞片は幅1～2mmと細く、長さ形はほぼ揃っているのが特徴。

茎には細かい毛がある

葉に柄はなく互生する

高さ20～60cm

湿地や川岸など湿った環境に生える

カセンソウ【歌仙草】

学名 *Inula salicina* var. *asiatica*
花期 7～9月
生活 多年草
分布 北海道～九州
生育 湿地、川岸、田のふち

キク科

オグルマ（P.112）とよく似るうえ、生育環境も同じなので間違えやすいが、本種は葉が硬く、網目状の葉脈が透けるように目立つ。また花の基部の総苞片が葉のように太めで、大きさも不揃い。

花の直径は3.5～4㎝

葉の網目状の葉脈が目立つ

茎葉とも硬くごあごあしている

高さ60～80㎝

湿った環境に生育し、地下茎をのばして群生する

113

キク科

ニガナ【苦菜】

学名 *Ixeridium dentatum* subsp. *dentatum*

花期 5〜7月　　生活 多年草
分布 日本全土
生育 山野、草原、空き地、芝生

高さ20〜40㎝

花はふつう5個の舌状花からなる

茎は細く、上部で分枝する

観察ポイント

全体に非常に華奢で葉も細くて柔らかいが、根元の葉には長い柄があり、茎につく葉には柄がない。

初夏の草原で他の草に混じって花をつける

根元の葉は柄を除き長さ4〜10㎝

日当たりの良い草地に生え、茎の先に黄色い花をややまばらにつける。名前の由来は茎や葉には苦味があることから。近縁種に大型のハナニガナや、白い花をつけるシロバナニガナがある。

イワニガナ【岩苦菜】

別名 ジシバリ
学名 *Ixeris stolonifera*
花期 4～7月　**生活** 多年草
分布 日本全土
生育 道端、石垣、畑地

全体に柔らかくて葉は明るい緑色であることが多い。岩の上にも生えるニガナが名前の由来だが、茎が地を這って伸びる様子が地面を縛るようなのでジシバリの名でも呼ばれる。

高さ7～10cm

花は舌状花のみからなる

葉は卵形で、柄も含め長さ4～5cm

花茎は葉より高い

キク科

📷 観察ポイント

オオジシバリと同じ場所に生えることもあるが、ふつうは本種の方がより乾いた環境に生える傾向にある。

オオジシバリ　仲間！
イワニガナより湿った環境に生育し、葉は細長く、花は大きく数も多い。

キク科

コオニタビラコ【小鬼田平子】

- 別名 タビラコ
- 学名 *Lapsanastrum apogonoides*
- 花期 3〜5月
- 生活 越年草
- 分布 本州〜九州
- 生育 水田、畦

花茎は斜上することが多い

花は6〜10個の舌状花からなる

羽状に切れ込んだ葉は長さ5〜6cmくらい

高さ5〜10cm

春の七草ホトケノザはシソ科のホトケノザではなく本種。早春の水を入れる前の水田で、ロゼット状に広がった葉の間から柔らかな茎を斜上して黄色い舌状花からなる花をつける。

仲間！
ヤブタビラコ
林床や林縁にはやや大型のヤブタビラコが生える。茎はやや斜上するもののオニタビラコのようには直立しない。

オタカラコウ【雄宝香】

キク科

学名 *Ligularia fischeri*

- **花期** 7〜10月
- **生活** 多年草
- **分布** 本州(福島県以西)〜九州
- **生育** 山の湿った草地、渓流沿い

山の渓流沿いや湿った草地に見られ、フキに似た心円形の大きな葉をつけるが、はっきりした鋸歯があり、やや光沢がある。夏から秋にかけて長い花茎に黄色い花を下から順に咲かせる。

舌状花の数は5〜9個くらい

葉は心円形で直径30〜60cm

花茎を伸ばしながら下から順に咲き上がる

高さ1〜2m

茎は硬くて丈夫

📷 **観察ポイント**

近縁種にメタカラコウがあるが、これは全体に小さくて葉が尖り気味で、舌状花の数が1〜4個と少ないので区別できる。

キク科

ネコノシタ【猫の舌】

別名 ハマグルマ
学名 *Melanthera prostrata*

花期 7～10月　**生活** 多年草
分布 本州（関東・北陸地方以西）～沖縄
生育 海岸の砂浜

📷 観察ポイント

浜に生える丸い花の様子が車に見えることからハマグルマの別名がある。

花の直径は約2㎝

高さ5～10㎝

葉は多肉質で表面はざらざら

茎はほふく性

夏の海辺の暑さや潮風をものともせず群生する

海岸の砂地に茎を這わせて広がり、低く群生していることが多い。ひし形に近い楕円形をした葉は、多肉質で表面は粗い毛が多く、ネコの舌のようにざらざらするのが名の由来。

118

サワギク【沢菊】 固

別名 ボロギク
学名 *Nemosenecio nikoensis*

- **花期** 5〜8月
- **生活** 多年草
- **分布** 北海道〜九州
- **生育** 沢沿い、湖沼畔

キク科

花の直径は約1cm

山の沢沿いや湖沼の畔の湿った土地などに生え、初夏に茎の先端に黄色い小さな花を多数咲かせる。花後の痩果には白い冠毛があり、それがぼろ切れのようなのでボロギクの別名がある。

別名の由来となった果実

湿っていれば林縁や道端にも生える

羽状に深裂した葉を互生する

高さ40〜90cm

キク科

ハンゴンソウ【反魂草】

学名	*Senecio cannabifolius*
花期	7〜9月
生活	多年草
分布	北海道〜本州（中部地方以北）
生育	山地の湿った草地、林縁

高さ2mほどになる茎の先に、夏から秋にかけて黄色い花をたくさんつける。花は十数個の筒状花と5〜7個の舌状花からなる。羽状に深裂した葉が互生する。

花の直径は約2cm

高さ1〜2m

葉は羽状に深裂する

山のやや湿った草原や林縁に生える

📷 **観察ポイント**

和名の反魂とは、死者の魂を呼び返すこと。昔から薬草に使われ、名の由来は死者を甦らせる意味とも、葉の形が幽霊に手の形に似るからともいわれる。

キオン【黄苑】

- **別名** ヒゴオミナエシ
- **学名** *Senecio nemorensis*
- **花期** 8〜9月　**生活** 多年草
- **分布** 北海道〜九州
- **生育** 山の草地、明るい林内

📷 観察ポイント

花の形や咲き方などハンゴンソウによく似るが、葉が切れ込まないので区別できる。

花の直径は約2cm

葉は分裂せず先が尖る

茎は直立する

高さ80〜200cm

キク科

低山から亜高山までの草原や林内に生え、直立した茎の先が小さく分枝し、その先に黄色い花をたくさんつける。花は10個ほどの筒状花と5〜6個の舌状花からなる。

葉は切れ込まず、舌状花の数が少なめなので疎らな印象

121

キク科

コメナモミ【小豨薟】

- 学名 *Sigesbeckia glabrescens*
- 花期 9〜10月
- 生活 一年草
- 分布 北海道〜九州
- 生育 林縁、荒れ地、道路

林縁や荒れ地などに生える、人の腰くらいの草丈のキク科植物で、柄のある腺をたくさんつけた5本の萼片と先が3裂した黄色い舌状花が目立つ。全体に毛はあるが長くはない。

黄色い筒状花と橙色の舌状花からなる

花柄に毛はあるが短くて腺毛はない

葉腋から枝を伸ばす

葉は対生し縁には不規則な鋸歯がある

高さ40〜100㎝

仲間!

メナモミ

コメナモミによく似るが全体に大きくて長い毛が多く、花柄には開出した長い毛に加え腺毛もあるのが特徴。

オオアワダチソウ【大泡立草】

キク科

学名 *Solidago gigantea*
花期 7〜9月
生活 多年草
分布 北アメリカ原産
生育 道端、荒れ地、河川敷

セイタカアワダチソウ（街中編P.121）と近縁で、同じ北アメリカ原産の帰化植物。草姿はよく似ているが、草丈が多少低く、花はややまばらで、花穂の先端が立たない。また花期が2カ月ほど早い。

花穂の先端は立たない

花は筒状花と舌状花からなる

茎もざらつかない

高さ50〜150㎝

葉の表面はざらつかない

全体に柔らかいので花穂の先も直立しない

📷 **観察ポイント**

セイタカアワダチソウの茎や葉がざらざらしているのに対し、本種の茎や葉には毛がなく滑らかで柔らかい。

キク科

アキノキリンソウ【秋の麒麟草】

学名 *Solidago virgaurea* subsp. *asiatica* var. *asiatica*

- 花期 8〜11月
- 生活 多年草
- 分布 北海道〜九州
- 生育 林縁、草地

秋の林縁や草原に生え、草丈は1m足らずだが鮮やかな黄色い花穂がよく目立つ。葉は茎に互生し、下部の葉は葉柄に沿って翼のように流れるのが特徴。

ひとつの花は直径約1cm

茎は硬く直立する

下部の葉の基部は翼のようになる

高さ40〜80cm

草丈や分枝の様子は生育環境により個体差がある

ハチジョウナ【八丈菜】

学名 *Sonchus brachyotus*

- 花期 8〜10月
- 生活 多年草
- 分布 北海道〜九州
- 生育 海岸、草原

キク科

茎は直立し切ると白い乳液が出る

葉は互生する

高さ30〜100cm

花の直径は約3cm

盛夏から秋にかけての海岸で見ることが多い

八丈島原産と誤認されてこの名がついたというが、海岸に多いのは事実で、北海道では内陸にも多い。ノゲシ（街中編P.123）などと近縁だが、海からの潮風に耐えられる強い茎や葉をもっている。

キンポウゲ科

ウマノアシガタ【馬の脚形】

別名 キンポウゲ
学名 *Ranunculus japonicus* var. *japonicus*

花期 4〜5月
生活 多年草
分布 日本全土
生育 草地、林縁

長い花茎の先に、エナメルの光沢をもつ鮮やかな黄色の花をまばらにつける。八重咲きの品種も含め、キンポウゲの名でも呼ばれる。花後は金平糖のような果実をつける。

高さ30〜60㎝

花の直径は約1㎝

茎は上部で分枝し花をつける

果実は金平糖のよう

根生葉には長い柄がある

草原や林道沿いで光沢ある黄色い花が目立つ

126

タガラシ【田辛】

学名 *Ranunculus sceleratus*

花期 3〜5月 生活 越年草
分布 日本全土
生育 水田やその周辺、河川敷

キンポウゲ科

高さ30〜50㎝

果実は円柱状の集合果

花は光沢があり、直径約8mm

根生葉のみ柄がある

📷 観察ポイント

果実に小さな突起がブツブツと多数あるが、金平糖のように大きく隆起しないので近縁の他種と識別ができる。

冬も水が残るハス田のような環境に生育する

田に生え、葉の有毒成分に辛味があるところから名がついた。冬の田んぼでロゼット状で越冬し、春に茎を伸ばす。ロゼットのとき田んぼに水があると、葉が浮いて水面に広がる。

127

ケシ科

キツネノボタン 【狐の牡丹】

学名 *Ranunculus silerifolius* var. *glaber*

- **花期** 4〜7月
- **生活** 多年草
- **分布** 北海道〜沖縄
- **生育** 湿った林縁、溝、湿った木陰

花は直径約1cmで花弁は細め

果実は金平糖のような形で、突起の先端は鉤状に曲がる

下部の葉には柄がある

高さ30〜50cm

湿った半日陰の環境に生える。茎は細身で少量の毛があり、その先に細身の花弁の黄色い花をまばらにつける。金平糖状の果実は、突起（種子）の先端が鉤状に曲がるのも特徴。

仲間！

ケキツネノボタン
水田や休耕田に生えることが多い。キツネノボタンと比べて茎に長い毛が多く、果実の突起の先端は、ほぼ真っ直ぐ尖る。

ケキツネノボタンの果実

クサノオウ【草の王／草の黄】

学名 *Chelidonium majus* subsp. *asiaticum*
花期 4〜7月
生活 一年草または越年草
分布 北海道〜九州
生育 林縁、草地

高さ40〜80cm

花の直径は約2cm

キンポウゲ科

果実は細長い

茎は白い毛が多く、切断すると黄色い汁が出るが、瞬時に酸化して赤褐色に変化する

葉は羽状

📷 観察ポイント

茎を切ると黄色い汁が出るから「草の黄」、優れた薬草であることから「草の王」など、名の由来は諸説ある。

草地でも明るい緑と鮮やかな黄色が際立つ

全体に白い毛が多い。葉や茎が柔らかくて美味しそうに見えるが、有毒なので食べてはいけない。しかし使い方によっては、優れた薬用植物でもある。

ケシ科

キケマン【黄華鬘】

- 学名 *Corydalis heterocarpa* var. *japonica*
- 花期 3〜6月
- 生活 越年草
- 分布 本州（関東地方以西）〜沖縄
- 生育 海岸付近、草地、道端

花の長さは約2cm

葉は細かく羽状に裂ける

茎は紫褐色がかる

高さ30〜50cm

海岸付近の草地や道端に生える

茎は太いが多肉質で柔らかく、紫褐色がかることが多い。花は細長い筒状で、小花柄より前は唇状に開花し、後ろは距となっている。山地では、よく似たミヤマキケマンや、つる性のツルキケマンなどがある。

クサレダマ【草連玉】

別名 イオウソウ
学名 *Lysimachia vulgaris* var. *davurica*
花期 7〜8月
生活 多年草
分布 北海道、本州、九州
生育 湿地

サクラソウ科

湿地に生え、直立した茎の先にやや淡い黄色の花を穂状につける。この花がマメ科のレダマという木の花に似るところから「草のレダマ」で、クサレダマとなった。「腐れ玉」ではない。

花の直径は約2.5cm

葉は対生または輪生

茎は直立する

📷 観察ポイント

花は、ほかのサクラソウの仲間同様に5深裂し、大型だが全体のつくりはオカトラノオ属であることがわかる。花色からイオウソウの別名がある。

高さ40〜80cm

湿地に咲く黄色い花には多くの虫が訪れる

シソ科

キバナアキギリ【黄花秋桐】 固

別名 コトジソウ
学名 *Salvia nipponica* var. *nipponica*
花期 8〜10月
生活 多年草
分布 本州〜九州
生育 林縁、道端、明るい林床

在来のサルビアの仲間では珍しい、大ぶりの淡黄色の花が、秋の林縁でよく目立つ。花が大きい分、蜜もたくさん出るようで、マルハナバチの仲間などが次々と訪れる。

花は淡黄色で長さ2.5〜3.5cm

林縁の木陰などのやや湿った場所に生える

高さ20〜40cm

茎は毛が多く断面は四角形

葉は対生し、長さ10〜20cm

オミナエシ【女郎花】

- 別名 オミナメシ、アワバナ
- 学名 *Patrinia scabiosifolia*
- 花期 7〜10月
- 生活 多年草
- 分布 北海道〜九州
- 生育 草地、草原

スイカズラ科

小さな花は
直径3〜4mm

高さ60〜120cm

山野の日当たりの良い草地に生える多年草で、秋の七草のひとつ。茎の上部で多数枝分かれして、その先に小さな黄色い合弁花を多数つける。

茎は細いが丈夫

📷 観察ポイント

羽状に深裂した葉が茎に対生する。地下茎をのばして小苗をつくり群生する。

葉は深く切れ込み対生する

観賞用に植栽されるが自生地は減っている

セリ科

ホタルサイコ【蛍柴胡】

学名 *Bupleurum longiradiatum* var. *elatius*

- **花期** 7〜8月
- **生活** 多年草
- **分布** 本州〜九州
- **生育** 山地の草原、岩場

放射状に黄色い小さな花をつける

細く伸びる茎の先と、互生する葉のつけ根から伸びた茎の先に、小さな黄色い花を放射状に咲かせる。黄色い花を蛍の光にたとえたのが名前の由来。

📷 **観察ポイント**

薬草として知られるミシマサイコの仲間で、草姿もよく似るが本種は葉が広く、茎を抱くのが特徴。薬草としては劣る。

葉は互生し茎を抱く

葉は切れ込まず全縁

高さ50〜120㎝

山地の草原に生える

キツリフネ【黄釣舟】

別名 ホラガイソウ
学名 *Impatiens noli-tangere*

花期 8〜10月
生活 一年草
分布 北海道〜九州
生育 沢沿い、湿った林縁

ツリフネソウ科

夏から秋に葉のつけ根から細い花柄を出して、葉の下に釣り下がる形で花をつける。花には大型のハナバチの仲間が頻繁に吸蜜に訪れる。

ホウセンカと近縁なので花もそっくり

花は葉の下に咲き、距の先は巻き込まない

高さ40〜80㎝

葉は薄く柔らかで穏やかな鋸歯がある

渓流沿いなどの湿った半日陰に生える

📷 観察ポイント

名前は黄色いツリフネソウの意だが、花の距が巻き込まないこと、花が葉の下に咲くことなどがツリフネソウ（P.218）と異なる。

ツルナ科

ツルナ【蔓菜】

別名 ハマヂシャ
学名 *Tetragonia tetragonoides*

花期 4〜11月
生活 多年草
分布 日本全土
生育 海岸の砂地

花の直径は6〜7mm

📷 観察ポイント

葉も茎も肉厚で、葉の表面は細かい粒状の突起に覆われるため、潮風や波しぶきにも耐えられる。

葉は多肉質でざらざらしている

茎は地を這い先端が斜上する

高さ40〜80cm

海岸の砂地を這うように群生する

茎の先端を斜上させて葉腋に数個の黄色い花をつける。各地で食用に栽培され、ハマヂシャ、ハマナなどの別名がある。英語では、ニュージーランドのマオリ族が食べるためNew Zealand spinachと呼ぶ。

ノウルシ【野漆】固

学名 *Euphorbia adenochlora*

花期 4〜5月
生活 多年草
分布 北海道〜九州
生育 氾濫原、河原、湿地

トウダイグサ科

遠目には菜の花が咲いているように見えるが、黄色い花に見えるのは苞葉。花はその上につく、花弁もない小さな花で杯状花序と呼ばれる。

雌花・雄花・腺体・総苞

雌しべや雄しべが総苞の中に納まる

葉は互生し頂部に5枚が輪生する

高さ30〜50cm

茎を切ると白い乳液が出る

氾濫原や湖畔の湿地などに群生する

📷 観察ポイント

トウダイグサ科によく見られる杯状花序は、総苞からなる小さな壺（杯）の中から雌しべや雄しべが顔を出し、杯の上部には総苞の上縁にある花弁状の腺体が開く。

ハマウツボ科

ヤセウツボ【痩靫】

学名 *Orobanche minor*
花期 5～6月
生活 一年草
分布 地中海沿岸原産
生育 草地、草原、道端

アカツメクサ（街中編P.194）やシロツメクサ（街中編P.90）などの根から栄養分を奪う、葉緑素をもたない寄生植物。1937年に千葉県で帰化が確認され、現在では関東以西で見られる。

📷 観察ポイント

花はナンバンギセルの花を小さくしたような形で茎の下部には鱗片状に退化した葉がある。

道路の中央分離帯の草地などにもよく生える

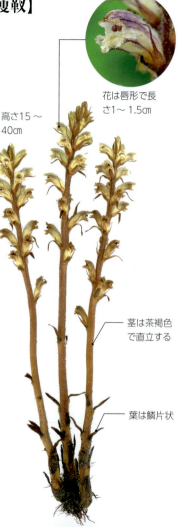

花は唇形で長さ1～1.5cm

高さ15～40cm

茎は茶褐色で直立する

葉は鱗片状

キンミズヒキ【金水引】

バラ科

学名 *Agrimonia pilosa* var. *japonica*

- **花期** 7〜10月
- **生活** 多年草
- **分布** 北海道〜九州
- **生育** 林縁、野原

山の林縁や草原で、夏から秋にかけて長めの花穂に黄色い花を密につける姿は、よく目立つ。葉は羽状複葉で、基部に両側から茎を抱く托葉があり、小葉は大きさに差がある。

📷 観察ポイント

果実には長さ約3mmの先が鈎状に曲がった刺があり、獣や衣服にくっついて運ばれる。秋に寒い地方では見事に紅葉する。

5弁花は直径 7〜10mm

果実の刺は一方向に向いている

葉は羽状複葉

生薬名は龍牙草、欧州産はハーブ名アグリモニー

高さ30〜80cm

バラ科

ダイコンソウ【大根草】

学名 *Geum japonicum* var. *japonicum*
花期 7〜8月
生活 多年草
分布 北海道（南部）〜九州
生育 林床、林縁、木陰

山や丘陵地の林床や林縁のやや湿った場所に多い。花は鮮やかな黄色の5弁花で花弁はほぼ円形に近い。下部の葉がダイコンの葉の形に似るのでこの名がある。

花の直径は1.5〜2cm

茎には柔らかい毛が密生する

刺が果実を囲むように全体につく

高さ30〜60cm

頂小葉が大きな羽状複葉

📷 観察ポイント

果実が育ちだすと、花柱の先は最初S字形をしているが、熟すと先が落ちて最終的に先端は鉤状になる。服などにくっついて運ばれる。

オヘビイチゴ【雄蛇苺】

学名 *Potentilla anemonifolia*

バラ科

高さ20〜40cm

花の直径は約1cm

果実は赤くならない

下部の葉は5小葉からなる

📷 観察ポイント

茎の下部につく葉は長い柄がありその先に掌状の5小葉からなる葉をつける。上部の葉は1〜3枚の小葉からなる。

茎は地を這ってから斜上する

茎は先端近くで分枝して、多くの花をつける

- 花期 5〜6月
- 生活 多年草
- 分布 本州〜九州
- 生育 田畑周辺、草地、休耕田

春から初夏にかけて畔道や休耕田で黄色い花を咲かせて群生する。ヘビイチゴに似るが大きいのでこの名がついたが、果実は小さく褐色で赤くはならない。

141

バラ科

キジムシロ【雉筵】

学名 *Potentilla fragarioides* var. *major*

花期 4〜5月
生活 多年草
分布 北海道〜九州
生育 田畑周辺、土手、林縁、林床

📷 観察ポイント

オヘビイチゴ（P.141）とは近縁でよく似ているが、本種の方がよりほふく性が強く、葉は5〜9小葉からなる羽状複葉なので区別がつく。

花の直径は1.2〜1.5cm

高さ5〜30cm

茎は地を這う

根際の葉は羽状複葉

伏して広がり先端に花が咲くので株の外縁が花で黄色い

地面を這って四方に茎を伸ばし平らに広がる様子をキジの筵(むしろ)にたとえたのが名前の由来。広がった茎は先で分枝して多数の黄色い5弁花をつける。果実は赤くはならない。

ミツバツチグリ【三葉土栗】

学名 *Potentilla freyniana*
- **花期** 4〜5月
- **生活** 多年草
- **分布** 本州〜九州
- **生育** 田畑周辺、林縁、草原
  高さ15〜30㎝

バラ科

花は直径1〜1.5㎝

名前のツチグリはキノコではなくバラ科の植物で、根が太く栗のようで食用になる。これに似て葉が3小葉からなるのでこの名がついたが本種の根はふつう食べない。

果実は赤くならない

ランナーを出して増える

葉は3小葉からなる

花の後、地上にランナーを伸ばして広がる

📷 観察ポイント

キジムシロ（P.142）によく似るが、葉が3小葉からなるので区別がつく。

143

ベンケイソウ科

キリンソウ【黄輪草】

学名 *Phedimus aizoon* var. *floribundus*

- **花期** 6〜8月
- **生活** 多年草
- **分布** 北海道〜九州
- **生育** 崖、岩場、林縁、海岸

山や海辺の岩場、林縁などに群生することが多い多肉質の植物。茎の頂に星形の黄色い5弁花を、輪状につけることからこの名がついた。

花は直径1〜1.5cm

高さ10〜30cm

葉は多肉質で互生する

茎は太くてみずみずしい

根茎から花茎を束生させ群生することが多い。茎は無毛でやや赤みを帯びる傾向がある

クサネム【草合歓】

学名 *Aeschynomene indica*

花期 8〜10月
生活 一年草
分布 日本全土
生育 田の周辺、河原、湿地

マメ科

高さ40〜120cm

黄白色の蝶形花は長さ約1cm

茎は無毛でよく分枝する

葉は細長い羽状複葉

ネモノキのような細かい羽状の葉をもつ草というのが名の由来。実際、夜にはネムノキの葉と同様、眠るように葉を閉じる。

📷 観察ポイント

花が咲いたあとは、6〜10節くらいに筋が入った細長い豆果がつく。これは節ごとに種子が入っていて、節果と呼ばれる。熟すと節ごとに切れ目が入る。

田の周辺や河原などの湿った場所に生える

145

マメ科

カワラケツメイ【河原決明】

学名 *Chamaecrista nomame*
花期 8〜9月
生活 一年草
分布 本州〜九州
生育 草地、河原、空き地

高さ30〜50cm

花は5弁花で直径約7mm

果実の鞘は扁平で毛が密生する

📷 観察ポイント

花はマメ科には珍しく蝶形花ではないが、よく見ると蝶形花の翼弁を左右に開いたような形であることがわかる。

葉は羽状複葉で互生する

茎はあまり分枝しない

草原などで細かい羽状複葉の葉を茂らせて群生する

河原などに生えて、エビスグサの種子ケツメイシ（決明子）のようにお茶や薬用になるところから名がついた。豆茶、弘法茶として親しまれ、生薬としてはサンペイズ（山扁豆）と呼ばれる。

ミヤコグサ【都草】

別名 エボシグサ
学名 *Lotus corniculatus* var. *japonicus*

- **花期** 4〜10月
- **生活** 多年草
- **分布** 北海道〜沖縄
- **生育** 草原、道端

マメ科

葉腋から柄を出し1〜4個の花をつける

茎はほぼ無毛で先端は斜上する

葉は5小葉からなる

草原で茎を這うように伸ばして斜上させ、葉腋から花茎を出して、黄色い蝶形花を1〜4個つける。花後には、インゲンマメを小さくしたような細い円柱状の果実をつける。

高さ30〜50cm

📷 観察ポイント

最近は、茎や葉に毛があり、ひとつの花序に3〜7個の花をつけるヨーロッパ原産のセイヨウミヤコグサも各地に帰化している。

草原で分枝しながら広がり多くの花をつける

マメ科

シナガワハギ【品川萩】

別名 エビラハギ
学名 *Melilotus officinalis* subsp. *suaveolens*
花期 5〜10月
生活 一年草または越年草
分布 東アジア原産
生育 道端、荒れ地、河原

花序は長さ3〜5cm

東京の品川で最初に見つかったのが名の由来

茎は細くてよく分枝する

葉は3小葉からなる

高さ50〜100cm

江戸時代後期に渡来し、現在は全国的に帰化している。ヨーロッパではイエローメリロットの名でハーブとして親しまれていて、蜜源植物、薬用、緑肥などさまざまな用途で利用されている。花色が白色でよく似た仲間にシロバナシナガワハギ（P.90）がある。

トキリマメ

別名 オオバタンキリマメ
学名 *Rhynchosia acuminatifolia*

花期 7〜9月
生活 多年草
分布 本州（関東地方以西）〜九州
生育 林縁、道端、フェンス

マメ科

赤く熟したあとに裂開する

黄色い蝶形花で長さ約8mm

3小葉からなり、小葉の長さは6cm前後

つる性

📷 観察ポイント

タンキリマメ（P.150）とよく似ているが、全体に毛が少なく、葉は先端が尖り、大きめなのでオオバタンキリマメの別名がある。

林縁の木などに絡みつく（写真：山田隆彦）

夏、花茎の先に黄色い蝶形花を5〜10個、房状につける。花後にできる豆果は長さ約2cmで、赤く熟したあと裂開。黒く光沢のある種子が露出して、さやにぶら下がる。

149

マメ科

タンキリマメ【痰切豆】

学名 *Rhynchosia volubilis*
花期 7～9月
生活 多年草
分布 本州（千葉県以西）～沖縄
生育 林縁、道端、フェンス

花は淡黄色で長さ約1㎝

茎は左巻きで下向きの毛がある

つる性

3小葉からなり、小葉の長さは3～6㎝

赤く熟したあとに裂開する

草地や林縁などに生えつるで木によじ登る

トキリマメ（P.149）そっくりだが、全体に毛が多く、葉は小さめで肉厚。豆果には2個の黒い種子があり、熟すと莢が裂開して顔を出す。

クララ【眩草】

- **別名** クサエンジュ
- **学名** *Sophora flavescens*

- **花期** 6〜7月
- **生活** 多年草
- **分布** 本州〜九州
- **生育** 草原、河原、荒れ地

マメ科

高さ80〜150㎝

羽状複葉で長さ15〜20㎝

筒状の蝶形花で長さ1〜1.5㎝

茎は硬く灌木のよう

よく分枝して株立ちし灌木のように見える

📷 観察ポイント

枝の先にクリーム色の蝶形花を多数つける。この長い花穂が木本のエンジュに似るため、クサエンジュの別名がある。

根はクジン（苦参）という生薬にされる。舐めると頭がくらくらするほど苦いため、クラクラグサ（眩草）と呼ばれ、それを省略してクララとなった。薬にもなるが全草有毒。

マメ科

ヤブツルアズキ【藪蔓小豆】

学名 *Vigna angularis* var. *nipponensis*
花期 8〜10月　**生活** 一年草
分布 本州〜九州
生育 草地、土手、道端

- つる性
- 葉は3小葉からなる
- 茎には黄褐色の毛がある
- 果実は小さいがアズキそのもの

黄色い蝶形花は竜骨弁がねじれている

藪でほかの草に絡まって広がる

📷 観察ポイント

豆果はアズキを細くしたような棒状で、種子は小さいけれどアズキそのものである。

花は蝶形花の下位にある竜骨弁がねじれ、それを左右から包む翼弁が左右非対称になった独特の形をしている。名は藪にあるつる性のアズキの意でアズキの原種とされる。

ハナイカリ【花錨】

学名 *Halenia corniculata*

- **花期** 8〜9月
- **生活** 一年草または越年草
- **分布** 北海道〜九州
- **生育** 山の草地、裸地

山地の日当たりのよい草地などに生え、細い茎に対生した葉の葉腋から花茎を伸ばし、先端に特徴ある距をもつ錨(いかり)のような形の淡黄色の花をつける。葉には3本の脈が目立つ。

高さ10〜60cm

(写真：新井和也)

リンドウ科

花は淡黄色で4本の長い距が目立つ

茎は細くて4稜ある

葉は長さ2〜6cmで全縁

栄養状態や標高などによって草丈に変化が大きい

ユキノシタ科

ネコノメソウ【猫の目草】固

- 別名 ミズネコノメソウ
- 学名 *Chrysosplenium grayanum*
- 花期 4〜5月
- 生活 多年草
- 分布 北海道〜本州
- 生育 湿地

高さ5〜20cm

葉は対生し、花と苞全体が黄色〜黄緑色でよく目立つ。走出枝（ランナー）を出し、群生することが多い。果実が裂開した様子が猫の目のように見えるのが名の由来。

花は直径約2mm

葉は対生する

果実は裂開すると
ネコの瞳孔のよう

ランナーを
出して増える

湿地のふちや沢沿いの
湿った地面などに生育

ネコノメソウの仲間

ヤマネコノメソウ
【山猫の目草】

学名 *Chrysosplenium japonicum*

花期 3～4月
生活 多年草
分布 北海道（南西部）～九州
生育 湿った林縁、畔道、土手

ネコノメソウほどではないが、やや湿った環境に群生する。花や苞もあまり黄色くならず全体に緑色。ランナーは出さず、葉は茎に互生する。

果実は楕円に近い形に裂開する

高さ5～15cm

ヨゴレネコノメ 固
【汚れ猫の目】

学名 *Chrysosplenium macrostemon*

花期 3～5月
生活 多年草
分布 本州～九州
生育 沢沿い、林縁

渓流沿いなど湿ったところに生え、春に淡黄色の苞葉に囲まれた小さな花をつける。葉に淡黄色や紫褐色の斑が入るのでそれを汚れとした名のようだがシックで美しい。

花は直径約3mm

高さ5～15cm

イラクサ科

アカソ【赤麻】

学名 *Boehmeria silvestrii*

- 花期 7〜9月
- 生活 多年草
- 分布 北海道〜九州
- 生育 林縁、道端

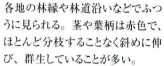

雌花

雌花は茎の上方、雄花は下方につく

各地の林縁や林道沿いなどでふつうに見られる。茎や葉柄は赤色で、ほとんど分枝することなく斜めに伸び、群生していることが多い。

沢沿いの木陰などやや湿ったところに群生する

高さ50〜80㎝

雄花

葉の先端部は大きく3裂する

茎は赤い

📷 観察ポイント

本種の最大の特徴は、葉の先が大きく3つに分かれていること。コアカソやクサコアカソ（P.157）の葉の先端は、3裂せず尾状に伸びる。

クサコアカソ【草子赤麻】

- 別名 マルバアカソ
- 学名 *Boehmeria gracilis*
- 花期 7〜9月 生活 多年草
- 分布 北海道〜九州
- 生育 林縁、林道沿い、沢沿い

雌花

雌花は茎の上方、雄花は下方につく

茎や葉柄は赤い

高さ50〜150㎝

葉のふちには10〜20の鋸歯がある

夏〜秋に茎の先端や葉腋に長い花穂をつける

林道沿いなどでよく出会うが、同じ環境にはアカソ（P.156）やコアカソもあってややこしい。根元が木質化せず、葉の縁に鋸歯が10対以上あるのが特徴。

イラクサ科

タデ科

ミズヒキ【水引】

別名 ミズヒキソウ
学名 *Persicaria filiformis*

花期 8～10月
生活 多年草
分布 北海道～九州
生育 林床、林縁

長い花穂にまばらに並ぶ小花は、上半分が赤く、下半分が白い。結実後もこのツートンカラーは残り、これを水引にたとえて名がついた。長さ5～15cmで先が尖る楕円形の葉は互生し、タデ科植物によく見られる紫褐色の模様が入ることが多い。

花弁に見えるのは萼で上が赤く下が白い

紅白の萼は果実を包んで残る

高さ50～80cm

茎はよく分枝する

葉には紫褐色の模様が入ることが多い

林縁の木陰に生え、夏～秋に長い花穂を出す

フシグロセンノウ【節黒仙翁】固

ナデシコ科

学名 *Silene miqueliana*

- **花期** 7〜10月
- **生活** 多年草
- **分布** 本州〜九州
- **生育** 山地の林床、林縁

山の林下で朱赤色の花がよく目立つナデシコ科の植物。センノウとは中国産の近縁種で京都の仙翁寺に植栽されていたのが名の由来という。本種はそれに似て節が黒紫色なところからきている。

高さ40〜90cm

花は直径約5cm

茎は細く、節が黒紫色

葉は対生する

茎の頂部と葉の葉腋から花茎を伸ばす

ヒルガオ科

マルバルコウ【丸葉縷紅】

- 別名 マルバルコウソウ
- 学名 *Ipomoea coccinea*
- 花期 6～10月
- 生活 一年草
- 分布 熱帯アメリカ原産
- 生育 道端、空き地、荒れ地

花は朱赤色で直径約1.5cm

つる性

葉はハート形が基本

1850年頃、観賞用に栽培されたものが逸出して各地に帰化している。国内で見られる近縁種にルコウソウやモミジバルコウがあるが、本種がもっとも広範囲に帰化している。

マルバアサガオに似たハート形の葉と朱赤色の花が特徴

マルバルコウの仲間

モミジルコウ【紅葉縷紅】

学名 *Ipomoea* ×*multifida*

花の形や色も親であるマルバルコウとルコウソウの中間

花期 7〜10月　生活 一年草
分布 熱帯アメリカ原産
生育 空き地、荒れ地

マルバルコウとルコウソウの交雑種で両方の中間的な形態をもち、モミジのような葉の形が名の由来となった。

モミジルコウの葉

ルコウソウ【縷紅草】

学名 *Ipomoea quamoclit*

深紅の花は星形に切れ込む

花期 7〜10月　生活 一年草
分布 熱帯アメリカ原産
生育 空き地、荒れ地、フェンス

園芸種として人気があるが、逸出して人家付近で一部野生化。星形の深紅の花と魚の骨のように細く切れ込んだ葉が特徴。

果実は果柄ごと下を向く

ヒガンバナ科

キツネノカミソリ【狐の剃刀】固

学名 *Lycoris sanguinea* var. *sanguinea*

- **花期** 8月
- **生活** 多年草
- **分布** 本州～九州
- **生育** 林縁、林床

花被片は反り返らない

茎は赤紫色を帯びる

畔道や土手でも見るが、林床や林縁に生えることが多い。ヒガンバナ（街中編P.149）より約1カ月早いお盆のころから咲きはじめる。花は朱橙色で反り返らない。葉を剃刀にたとえたのが名前の由来。

📷 観察ポイント

花期に葉が出ないのはヒガンバナと同じだが、葉の出る時期が異なる。本種は、早春のまだほかの草の芽が育つ前に生え出て、木や草の茂る初夏には枯れる。

高さ30～50㎝

お盆の頃、雑木林などで朱橙色の花を咲かせる

ハマカンゾウ【浜萱草】

- 学名 *Hemerocallis fulva* var. *littorea*
- 花期 7～10月
- 生活 多年草
- 分布 本州（関東地方以西）～九州
- 生育 海岸とその周辺

ワスレグサ科

花は濃橙赤色

海岸付近の岩場や草原に生え、地下茎を伸ばしてふえる。夏から秋にかけて花茎の先にやや濃い橙赤色の花を次々に咲かせる。ノカンゾウ（街中編P.148）と見分けがつかないほどよく似ている。

茎は硬くて丈夫

高さ40～80cm

葉は冬も枯れない

📷 観察ポイント

ノカンゾウとのいちばん異なる点は葉で、やや肉厚な感じがあり、冬場も枯れずに残ることだ。

海岸付近の岩場や斜面、道端などに生える

アオイ科

ウサギアオイ【兎葵】

学名 *Malva parviflora*

- **花期** 5〜9月
- **生活** 越年草
- **分布** 地中海沿岸原産
- **生育** 道端、畑地、荒れ地

花の直径は約1㎝で白に近い淡紅色

葉は丸くて掌状に浅裂し、粗い鋸歯がある

高さ20〜50㎝

約10個の分果からなり網目状の凸凹がある

観察ポイント

街中編P.200のナガエアオイと紛らわしいが、花柄が短い、葉が深めに裂ける、花弁のふちが色づくなどで区別できる。

茎は直立もするがほふく、斜上もする

1948年に神奈川県で見つかり、今では各地の道端や荒れ地で見られる。白に近い淡紅色の花を葉腋に数個つけるが、花柄が1〜2㎜しかないので葉腋にかたまって見える。

オオフタバムグラ【大双葉葎】

アカネ科

学名 *Diodia teres*
花期 7〜9月
生活 一年草
分布 北アメリカ原産
生育 海岸、土手

海岸や河原、湖沼畔などの乾いた砂地に生える帰化植物で、群生していることが多い。夏に対生する葉のつけ根に白色〜淡紅色の花を2〜4個ずつつける。

淡紅色の花は直径4〜5mm

茎には細かい毛が密生する

葉は長さ2〜3cmで対生する

高さ15〜35cm

📷 観察ポイント

在来種フタバムグラは、田の畦や湿った草地など、オオフタバムグラより湿った環境に生育する傾向がある。

乾いた砂地に生え、葉は硬めでざらつく

165

アカバナ科

アカバナ【赤花】

学名 *Epilobium pyrricholophum*

- 花期 7〜9月
- 生活 多年草
- 分布 北海道〜九州
- 生育 湿地、田の周辺

高さ30〜80cm

花は直径約1cm、柱頭は白くて棍棒状

葉は長さ2〜6cm、粗い鋸歯があり対生する

茎の上部や子房には腺毛が多い

📷 観察ポイント

秋には茎や葉が紅紫色に紅葉するため、それが赤花の名の由来となったという。

湿った場所に生育する多年草で、長い子房の先に赤い4弁花をつけ、花弁の中心は深く切れ込む。水田周辺や休耕田などでもよく見かける。

アゼナ【畦菜】

学名 *Lindernia procumbens*

- 花期 8〜10月
- 生活 一年草
- 分布 北海道〜沖縄
- 生育 田畑、湿った荒れ地

アゼナ科

アゼナは畦に生える菜（畔菜）が語源

唇形の花は淡紅色

葉裏は平行脈が目立つ

茎の断面は四角

葉は楕円形で鋸歯はなく平行脈

ウリクサ（P.230）と似ているが、葉に鋸歯はなく、茎は立ち上がる傾向がある。葉脈が目立ち、それが双子葉植物にもかかわらず平行脈なのも特徴的。

仲間！

タケトアゼナ
近縁の外来種アメリカアゼナ（鋸歯が明瞭で葉の基部が細い）の変種とされ葉の鋸歯が不明瞭で基部がまるいのが特徴。

アブラナ科

ハマダイコン【浜大根】

学名 *Raphanus sativus* var. *hortensis* f. *raphanistroides*
花期 4〜6月
生活 越年草
分布 日本全土
生育 海岸

砂浜でロゼット状で冬を越し、春から初夏にかけて一斉に花開く

花は白〜紅紫色で直径15〜20mm

果実は数珠のようなくびれがある

高さ30〜100cm

葉は羽状複葉だが、上部では切れ込まない。粗い毛が生える

ダイコンが野生化したものといわれるが、根はふつう太さ1〜2cmほどしかなく硬い。花色は白から濃い紅紫色まで変化があり、栽培種より派手。

ノハナショウブ【野花菖蒲】

- 学名 *Iris ensata*
- 花期 6〜7月
- 生活 多年草
- 分布 北海道〜九州
- 生育 水辺、湿原

多くの園芸品種のあるハナショウブの原種。赤みのある紫色の花に、黄色いすじが入るのが特徴。また、端午の節句に欠かせない菖蒲湯のショウブ（P.282）は葉は似ているがサトイモ科の植物なのでまったくの別種。

アヤメ科

花はやや赤みがかった紫色

高さ40〜100cm

（写真：山田隆彦）

果実は熟すと3つに裂開する

葉は剣形で中央脈が目立つ

仲間！

カキツバタ
青みのある紫色の花にノハナショウブよりも白っぽいすじが入る。葉の中央脈が隆起しないことも特徴。

オオバコ科

クワガタソウ【鍬形草】 固

学名 *Veronica miqueliana*

花期 5〜6月
生活 多年草
分布 本州（東北〜関東地方、中部地方、紀伊半島）
生育 木陰、沢沿い、湿った林下

花の直径は約1cm。雌しべ1本、雄しべ2本

高さ10〜20cm

葉は対生し上部の葉ほど大きい

茎には曲がった毛がある

沢沿いの山道などで見かけることが多い

果実と萼片の形が兜と鍬形に似ているのが名の由来。茎はほぼ直立し上部の葉のつけ根から短い柄を出し、花を数個つける。花色は個体差があり、白色から濃いめの紅紫色までさまざま。

カワヂシャ【川萵苣】

オオバコ科

学名 *Veronica undulata*

- **花期** 4〜6月
- **生活** 越年草
- **分布** 本州〜九州
- **生育** 川岸、田の周辺、溝

明るい緑の柔らかい草で、葉は対生し粗い鋸歯が目立つ。花は白色に近い淡紅紫色で直径は約4mm。

📷 観察ポイント

よく似た外来種オオカワヂシャは花が大きく（7〜8mm）、葉のふちの鋸歯は浅くて目立たず、葉の色は濃い傾向が強い。

花は白色〜淡紅紫色

葉は対生し、鋸歯が目立つ

茎は柔らかい

高さ10〜60cm

川辺のチシャ（レタス）の名のとおり食用になる

キキョウ科

ヤマホタルブクロ【山蛍袋】固

別名 ホンドホタルブクロ
学名 *Campanula punctata* var. *hondoensis*
花期 6〜7月
生活 多年草
分布 本州（東北地方〜近畿地方）
生育 林縁、道端

ホタルブクロ（街中編 P.165）の変種でよく似ている。ホタルブクロは、萼片のあいだの湾入部に反り返った付属体があるが、本種にはそれがなく、盛り上がるだけなので区別できる。花色は白色〜紅紫色で個体差が大きい。

高さ30〜80cm

萼片の間は盛り上がる

茎は花の重みでやや前のめりになる

葉は互生する

山地によく見られる

ツルニンジン【蔓人参】

キキョウ科

別名 ジイソブ
学名 *Codonopsis lanceolata* var. *lanceolata*

花期 8〜10月
生活 多年草
分布 北海道〜九州
生育 林内、林縁

葉は互生するが先の方は数枚が輪生状

つる性

林縁のハナイカダの木に絡んで花を咲かせていた

地下にある塊根から立ち上がるつるで、周りの植物に絡みついて伸び、夏から秋にかけて釣鐘状の花をつける。食用にもなる塊根をオタネニンジンにたとえてこの名がついた。

花は長さ2.5〜3.5cmの釣鐘形

📷 観察ポイント

花は白緑色に紫褐色の斑が入り、これをお爺さんのそばかすに見立ててジイソブ（爺そぶ）の別名があり、やや小型の近縁種にはバアソブ（婆そぶ）がある。

キキョウ科

ミゾカクシ【溝隠】

- 別名 アゼムシロ
- 学名 *Lobelia chinensis*
- 花期 6〜10月
- 生活 多年草
- 分布 日本全土
- 生育 水田、畦、水路

田んぼやその周辺で、溝を隠すほど繁茂するのが名の由来だが、畦にむしろを敷いたように広がることからアゼムシロの別名もある。地を這う茎の節から根を下ろして広がる。

📷 観察ポイント

5裂する花弁の内、左右2枚が横向き、あいだの3枚が下向きに開く独特の形をしている。

最近は溝がU字溝になり、すっかり減ってしまった

花は5裂する

高さ5〜20cm

葉は互生する

茎は地を這い節から根を下ろす

ヒレアザミ【鰭薊】

別名 ヤハズアザミ
学名 *Carduus crispus* subsp. *agrestis*

花期 7〜10月
生活 一年草
分布 ユーラシア原産
生育 道端、田畑、庭

キク科

ユーラシア原産で日本には古い時代に渡来。茎に刺のあるヒレ（翼）をもつのが名の由来。葉のふちにも刺があり、どこに触れても痛い。

高さ70〜170cm

花は紅紫色で直径約2cm

果実には冠毛があり風に乗って飛散する

葉は互生し、縁に多くの鋭い刺がある

茎には鋭い刺の翼がある

仲間！

シロバナヒレアザミ
花はふつう紅紫色だが、たまに白色のものがあり、シロバナヒレアザミと呼ぶ。

キク科

ノアザミ【野薊】

学名 *Cirsium japonicum* subsp. *japonicum*

- **花期** 5〜8月
- **生活** 多年草
- **分布** 本州〜九州
- **生育** 田畑の畦、土手、道端

- 総苞はべたつく
- 花は紅紫色で直径4〜5cm
- 葉には鋭い刺が多い
- 茎に毛はあるが痛い刺はない
- 高さ50〜100cm

初夏の田園風景に欠かせない野草のひとつ

📷 観察ポイント

春先は節間が詰まっていて、まだ草丈も低いが、夏近くなるとすらりと伸びて、別種のように見えることもある。

春から初夏にかけて咲くアザミは本種のみ。紅紫色の花を上向きに咲かせ、総苞は反り返らず触るとベタベタする。深く切れ込んだ葉のふちには鋭い刺があり、触ると痛い。

ナンブアザミ【南部薊】固

学名 *Cirsium makinoi*

花期 8～10月
生活 多年草
分布 北海道、本州（東北～関東地方）
生育 林縁、草原、道端

キク科

山野の草地や林縁に生え、人の背丈を越える高さになることもある。花は横～やや下向きに咲き、総苞片は刺状で反り返り、粘り気はない。葉の形は変化に富む。

花はやや下向きに咲く

林縁や草地で人の背丈ほどに育つ

総苞は刺状で反り返る

葉の切れ込みは変化に富む

葉腋から分枝し先に花をつける

高さ1～2m

キク科

トネアザミ【利根薊】固

別名 タイアザミ
学名 *Cirsium nipponicum* var. *incomptum*

花期 8〜10月
生活 多年草
分布 本州（関東〜中部地方南部）
生育 田畑の周辺、草原、林縁

関東地方に広く分布する。ナンブアザミ（P.177）と別種とされるが、どちらも個体差が非常に大きく、よく似ていて見分けがつきにくいこともある。

高さ1〜2m

花は古くなると白っぽくなる

総苞は刺状で反り返る

茎の色や毛の量も個体差が大きい

葉の切れ込みは変化に富む

生育環境によって成長に差があり、氾濫原では高さ3m近くなることもある

ノハラアザミ【野原薊】固

学名 *Cirsium oligophyllum* var. *oligophyllum*

- **花期** 7〜10月
- **生活** 多年草
- **分布** 本州（中部地方以北）
- **生育** 道端、畑地、牧草地、荒れ地

キク科

高さ0.6〜1m

花は紅紫色で直径3〜4cm

茎は紫色を帯び、伏した毛がある

葉の刺は比較的おとなしく、根生葉は花期も残る

📷 観察ポイント

根元から出る根生葉は深く切れ込み、ふちに鋭い刺がある。この根生葉が花の時期にも残っていることも特徴のひとつ。

人の腰くらいの草丈で花は上を向いて咲く

ノアザミ（P.176）より遅い、夏の終わりごろから秋にかけて花をつける。総苞片の先は刺状に尖って立ち上がるが、反り返るほどではない。周囲にクモ毛があるが粘り気はない。

キク科

キツネアザミ【狐薊】

学名 *Hemisteptia lyrata*

- **花期** 5〜6月
- **生活** 越年草
- **分布** 本州〜沖縄
- **生育** 田畑の周辺、休耕田、野原

休耕田などやや湿った草地に生える。冬のあいだに広げたロゼットの中心から茎を立ち上げる。茎は上部で分枝し、その先端にアザミに似た紅紫色の花をたくさんつける。

📷 観察ポイント

アザミに似るが刺がなくキツネに化かされたとか、キツネが猟師から逃れるためアザミに化けたら、慌てていて刺をつけ忘れたなど、名にちなむ逸話がある。

古く大陸から渡来した史前帰化植物とされる

花は筒状花のみで直径約1.5cm

茎は上部で分枝する

葉は羽状に切れ込むが変化に富む

高さ50〜120cm

ヒロハホウキギク【広葉箒菊】

学名 *Symphyotrichum subulatum* var. *squamatum*

キク科

花期 8～10月
生活 一年草
分布 北アメリカ原産
生育 空き地、休耕田、道端

高さ60～150cm

茎は60～90度の角度で分枝する

葉の基部は茎を抱かない

花は白～薄紫がかり、直径7～9mm

（写真：山田隆彦）

北アメリカ原産で日本では1960年代に初めて確認された帰化植物。近縁種のホウキギクと似た環境で育つが、空き地などに群生しているのは本種が多い。

仲間！ ホウキギク

ホウキギクは、花が白く、茎は30～60度の角度で分枝するのが特徴。

キク科

ヨツバヒヨドリ【四葉鵯】

別名 クルマバヒヨドリ
学名 *Eupatorium glehnii*

花期 8〜10月
生活 多年草
分布 北海道、本州、四国
生育 高原、湿った林縁

花色は白〜淡紅紫色

山や高原に咲くヒヨドリバナの仲間。葉が茎に輪生するのが特徴で、ふつう4枚、ときに3枚、5枚の場合もある。花色は白から淡紅紫色まで変化に富む。

ヒヨドリバナの仲間で最も高いところに自生する

📷 観察ポイント

フジバカマやヒヨドリバナ同様、この花の蜜は、渡りをする蝶で知られるアサギマダラの大好物で、よく吸蜜する姿が見られる。

葉は3〜5枚輪生する

高さ50〜150㎝

ヨツバヒヨドリの仲間

フジバカマ【藤袴】

- 学名 *Eupatorium japonicum*
- 花期 8〜10月
- 生活 多年草
- 分布 本州〜九州
- 生育 河川敷、氾濫原

秋の七草のひとつだが、生育地である河川敷の環境の変化などにより、個体数が減っている。

花は淡紅紫色でまれに白色もある

高さ0.8〜1.8m

葉は3裂が基本だが裂けないものもある

ヒヨドリバナ【鵯花】

- 学名 *Eupatorium makinoi*
- 花期 8〜10月
- 生活 多年草
- 分布 北海道〜九州
- 生育 林縁、草地

草地に生え、フジバカマ同様の筒状花をつけるが、花色はふつう白色。葉も鋸歯はあるがふつう裂けない。

花色は白色だがまれに淡紅紫色

高さ1〜2m

葉は切れ込まない

キジカクシ科

コバギボウシ【小葉擬宝珠】

学名 *Hosta sieboldii*

花期 7〜9月
生活 多年草
分布 北海道〜九州
生育 湿った湿原

日当たりの良い湿った環境に生え、夏に花茎を伸ばして、紫色の花をややうつむき加減に咲かせる。蕾の膨らみが橋の欄干などについている擬宝珠(ぎぼし)に似ているのでこの名がついた。

📷 観察ポイント

近縁に本種より大型のオオバギボウシがあり、どちらも新芽は「うるい」の名で山菜として親しまれている。しかし有毒なバイケイソウと似ているので要注意。

花は漏斗状で紫色

花に紫色のすじがあり、オオバギボウシより濃い

高さ30〜50㎝

葉は長さ10〜20㎝、幅は4〜8㎝

ヤマオダマキ 【山苧環】 固

学名 *Aquilegia buergeriana* var. *buergeriana*

- **花期** 6〜8月
- **生活** 多年草
- **分布** 北海道〜九州
- **生育** 山地の草地、道端、林縁

キンポウゲ科

山道の道端や草地に生え、夏に花を茎の先端につける。花は中心にまとまったクリーム色の花弁5枚と、外に開く紫褐色の萼片からなる。花弁の後ろ部分は紫褐色の距となっている。花は下を向いて咲くが、花後に結実すると上向きの果実になる。

花はクリーム色と紫褐色のツートンカラー

下部の葉は2回3出複葉で無毛

茎はやや紫褐色を帯びる

高さ30〜70cm

仲間!
キバナヤマオダマキ
ヤマオダマキの変種で、花弁は黄色いが萼片がより白に近い淡黄色。茎の色も薄め。

キンポウゲ科

クサボタン 【草牡丹】 固

- 学名 *Clematis stans* var. *stans*
- 花期 8〜9月
- 生活 多年草
- 分布 本州
- 生育 林縁、草地

花は淡紫色

高さ50〜100cm

葉には長い柄がある

つるにならないクレマチスで下部は木化する

夏の終わりごろ、林縁などで直立した茎に淡紫色の花をたくさん咲かせる。この先端が外側に丸まった花弁に見えるものは萼片で、細かい毛が密生する。葉がボタンの葉に似ているのでこの名がある。雌雄異株。

クマツヅラ【熊葛】

学名 *Verbena officinalis*
花期 6〜9月
生活 多年草
分布 本州〜沖縄
生育 道端、草地、空き地

対生する葉のつけ根から伸びる、細く長い花茎が印象的。花茎の先の花穂は、小さな花が下から順に咲き上がる。ヨーロッパでは「バーベイン」の名のハーブとして知られている。

📷 観察ポイント

小さな淡紅紫色の花は一見5弁に見えるが、基部は筒状に繋がっていて先が5裂している合弁花。

ヨーロッパ産も同種で、聖なる草とされた

高さ30〜80cm

花の直径は3〜4mm

茎は枝分かれして長い花茎となる

葉は対生する

クマツヅラ科

ケシ科

ジロボウエンゴサク【次郎坊延胡索】

学名 *Corydalis decumbens*
花期 4～5月
生活 多年草
分布 本州（関東以西）～九州
生育 湿った林縁、林床

湿った林縁などに生える繊細な草だが全草有毒。江戸時代紀州でスミレを太郎坊、この草を次郎坊と呼んだといわれ、エンゴサクは中国名（漢方）の延胡索からきているとされる

📷 観察ポイント

この仲間は花柄の基部の苞葉の形が識別点になるが本種はこれが全縁で切れ込まない。

花は筒状の部分が長く後方に距が伸びる

苞は全縁で切れ込まない

茎は紫褐色を帯びる

葉は2回3出複葉

花をはじめ全体が細く華奢な印象
（写真：山田隆彦）

高さ8～20cm

サクラソウ【桜草】

学名 *Primula sieboldii*

花期	4～5月
生活	多年草
分布	北海道（南部）、本州、九州
生育	湿地、氾濫原、湿った林床

サクラソウ科

湿った草地や原野に生える。春に根元から長い柄のある葉を5～6枚出すと、花茎が伸びて先端にサクラに似た花を10個ほど放射状につける。全体に毛が多い。

河川敷の環境変化で群生地は大幅に減った

花は紅紫色で直径2～3cm

5裂した萼の上にまるい果実がのる

花茎にも白い毛が多い

高さ15～35cm

観察ポイント

ほかの草の背丈が低いうちに開花結実し、夏前には地上部は枯れて休眠する。江戸時代に多くの品種がつくり出された古典園芸植物だが、現在自生地は減りつつある。

葉には毛が多い

シソ科

クルマバナ【車花】

学名 *Clinopodium chinense* subsp. *grandiflorum* var. *parviflorum*

- 花期 8〜9月
- 生活 多年草
- 分布 北海道〜九州
- 生育 草地、道端

日当たりの良い草地や山の道端などでよく見かける。花茎を囲んで段々についた蕾の束から次々に紅紫色の花を咲かせる。この輪生する花の様子から名前がついた。

観察ポイント

日当たりと風通しの良い場所に生育するため、道端や崖下などの水はけの良いところに多い。

花は紅紫色で長さ8〜10mm

茎の断面は四角い

高さ20〜80㎝

葉は対生する

茎を囲む花の濃紫色の萼と紅紫色の花弁のコントラストが印象的

トウバナ【塔花】

- 学名 *Clinopodium gracile*
- 花期 5〜8月
- 生活 多年草
- 分布 本州〜沖縄
- 生育 小川沿い、田の畦、道端

湿り気味の環境に生え、根元から群生する。茎の基部はやや地を這ってから立ち上がり、先端付近に段々に花を輪生させる。茎は細いがその断面は四角い。

📷 観察ポイント

花の色は淡紅紫色が基本だが、白いものや紅紫色のものまで個体差がある。

輪生した花を数段塔のようにつけるのが名の由来

花は淡紅紫色で長さ3〜4mm

葉は対生する

茎の断面は四角い

高さ10〜30cm

シソ科

シソ科

ナギナタコウジュ【薙刀香薷】

学名 *Elsholtzia ciliata*
花期 9〜10月
生活 一年草
分布 北海道〜九州
生育 林縁、道端

片側だけに花が並び、わずかに反りのある花穂を薙刀にたとえた。また花期に茎葉を採取して陰干ししたものは生薬になり、コウジュ（香薷）と呼ばれる。これが名の由来。

📷 観察ポイント

触れたり踏んだりすると、独特の香りが漂うので、その存在がすぐわかる。この香りは枯れた後も変わらない。

花は片側だけで裏は苞が並ぶ

茎はまばらに毛があり断面は四角い

葉は対生する

山や丘陵地の日当たりの良い草地や林縁に生える

高さ30〜60cm

ニホンハッカ【日本薄荷】

シソ科

- 別名 ハッカ、メグサ
- 学名 *Mentha canadensis*
- 花期 8〜9月
- 生活 多年草
- 分布 日本全土
- 生育 湿地、沼、田の周辺

花は淡紅紫色

オランダハッカなどと異なり花は葉腋につく

葉は対生する

高さ30〜80cm

茎の断面は四角い

沼や小川沿いなどの湿地に生え、夏から秋にかけて葉のつけ根に淡紅紫色の小さな花を多数つける。葉や茎に触れると爽やかなメントールの香りがする。

シソ科

ヒメジソ【姫紫蘇】

- 学名 *Mosla dianthera*
- 花期 7〜10月
- 生活 一年草
- 分布 北海道〜沖縄
- 生育 湿った草地、林縁、道端

花は白に近い淡紅色

葉には粗い鋸歯がある

高さ20〜60cm

茎は四角く角に下向きの短毛

やや湿った林縁や道端でよく見られる

夏の暑さがおさまる頃、山や丘陵地のやや湿り気味の道端などで、限りなく白に近い淡紅色の小さな花を穂状につける。葉を揉むとシソに似た芳香がある。

📷 観察ポイント

イヌコウジュ（P.195）とよく似るが、葉を揉んだときの香りは、本種の方が控え目ながら爽やか。

イヌコウジュ【犬香薷】

学名 *Mosla scabra*
花期 9〜10月
生活 一年草
分布 北海道〜沖縄
生育 林縁、道端

山野の道端や林縁などで、細めの花穂に、淡い紅紫色の小さな唇形花を咲かせる。葉には、ナギナタコウジュ(P.192)の香りを多少弱くしたような、独特の香りがある。

シソ科

高さ20〜60cm

花は淡紅紫色

📷 観察ポイント

ヒメジソ（P.194）とよく似るが、イヌコウジュの方が葉は細長く、鋸歯が浅い傾向がある。

葉の鋸歯は浅い

茎には全体に細毛が密生

シソ科

レモンエゴマ【檸檬荏胡麻】

学名 *Perilla citriodora*
花期 8～10月
生活 一年草
分布 本州（中部地方以南）～九州
生育 山地の道端、林縁

高さ30～70㎝

花は白色～淡紅色

葉は長さ8～12㎝

茎には軟毛が密生する

📷 観察ポイント

人家付近の山野には栽培種エゴマの逸出も見られるが、本種は個体差があるものの、葉を揉むとレモンの香りがする在来種。

山の谷筋などでよく見る

シソによく似た草姿で、葉は広卵形でやや硬く、揉むとレモンの香りがあり、名の由来になっている。茎には毛が密生する。夏から秋には、茎の先端や葉腋に5～15㎝の花穂を立てる。

イヌゴマ【犬胡麻】

別名 チョロギダマシ
学名 *Stachys riederi* var. *hispidula*

花期 7～8月
生活 多年草
分布 北海道～九州
生育 湿地、河川敷

シソ科

花は長さ約1.5cm

高さ30～80cm

湿地に生え、地下茎を横に伸ばして広がるので群生することが多い。ゴマに似るが役に立たないのでこの名がある。また、チョロギにも似ているので、チョロギダマシとも呼ばれる。

細長い葉が対生する

四角い茎の角には毛が多い

湿地に根茎を走らせ疎らに群生する

シュウカイドウ科

シュウカイドウ【秋海棠】

学名 *Begonia grandis*

花期 8〜10月　**分布** 中国、マレー半島原産
生活 多年草　**生育** 木陰、林縁

花は直径2〜3cm。
これは雄花

📷 観察ポイント

雌雄異花で雄花は4弁（小さい2枚が花弁、大きい2枚は萼片）で、雌花は3弁で基部に三角の翼のある子房をもつ。

高さ30〜70cm

左右非対称の葉を互生する

雌花

人家周辺の木陰や石垣などに逸出帰化している

江戸時代の初期に観賞用として入った帰化植物で、やや日陰の湿った環境に野生化している。古くに入ったベゴニアの一種。

ノダケ【野竹】

- 学名 *Angelica decursiva*
- 花期 9〜11月
- 生活 多年草
- 分布 本州〜九州
- 生育 林縁、道端

林に沿った道端などでよく見かける。茎はあまり分枝せず、暗紫色を帯びることが多い。セリ科には珍しい暗紫色の花弁で、まれに白色。葉の基部は袋状になっている。

📷 観察ポイント

全草に独特の香りがあり、根を乾燥したものは薬用にされる。

(写真：山田隆彦)

漢方では紫花前胡といい乾燥した根を前胡の代用とする

セリ科

花弁は暗紫色まれに白色

茎は暗紫色を帯びることが多い

葉柄の基部は袋状

高さ80〜150㎝

セリ科

ツボクサ【壺草／坪草】

学名 *Centella asiatica*

- 花期 5〜8月
- 生活 多年草
- 分布 本州（関東地方以西）〜沖縄、小笠原
- 生育 道端、林縁、林内

腎円形の葉をつけて地を這い、節から根を降ろして広がるつる草。節に花をつけるが、花弁は小さく目立たない。インドのアーユルヴェーダをはじめ、各国で薬草や野菜として利用されている。

葉は腎円形で2〜5cm

茎は地を這い、節から根を降ろす

ほふく性

（写真：山田隆彦）

林縁の地上から庭先までどこにでも生える

葉のつけ根から花序を出す

サクラタデ【桜蓼】

学名 *Persicaria odorata* subsp. *conspicua*
花期 8〜11月　**生活** 多年草
分布 本州〜沖縄
生育 水辺、湿地

タデ科

タデの仲間でも最大級の淡紅色の大きな花を、サクラの花に見立てたのが名前の由来。地下茎を横に伸ばして増え、群生していることが多い。雌雄異株。

花は淡紅色で直径8〜9mm

📷 観察ポイント

シロバナサクラタデ（P.81）とよく似るが、本種のほうが花は大きく、花色もやや濃い。

湿地に群生し、夏〜秋に淡紅色の花をつける

高さ50〜100cm

葉は長さ7〜13cmで互生する

タデ科

ハナタデ【花蓼】

- 別名 ヤブタデ
- 学名 *Persicaria posumbu* var. *posumbu*
- 花期 8〜10月
- 生活 一年草
- 分布 北海道〜沖縄
- 生育 林床、林縁

林内や林縁のやや湿った半日陰を好み、群生していることが多い。茎の下部は地を這ってから立ち上がり、先端の花穂に小さな淡紅色の花をややまばらにつける。

花は淡紅色で直径2〜3mm

葉は互生し、托葉鞘のふちに毛がある

高さ30〜60cm

📷 観察ポイント

花穂につく花の密度や色の濃淡は個体差があり、別種と間違うことがあるので、托葉鞘の形が決め手になることも多い。

ウナギツカミ【鰻掴】

タデ科

別名 アキノウナギツカミ、アキノウナギヅル
学名 *Persicaria sagittata* var. *sibirica*
花期 5〜10月
生活 一年草
分布 北海道〜九州
生育 湿地、河川敷、溝

溝や湿地など湿った場所に生える。細身の多いタデの仲間でも、ひと際細い茎だが下向きの刺があり、これを周囲に引っかけて絡むようによじ登る。

📷 観察ポイント

畑周辺で5月頃から花開くものと、溝などで9月頃から花開くものがある。刺のあるこの草ならウナギも滑らずに掴めそうだというのが名の由来。

花は白色で先端が淡紅色

葉は長さ5〜10㎝

茎には下向きの刺がある

高さ40〜100㎝

束ねればウナギもつかめそうだが手も痛そう

タデ科

ママコノシリヌグイ【継子の尻拭】

- 別名 トゲソバ
- 学名 *Persicaria senticosa*
- 花期 5～10月
- 生活 一年草
- 分布 日本全土
- 生育 荒れ地、水辺、道端

やや湿り気味の林縁や荒れ地などに生え、茎や葉柄、葉裏に下向きの刺があり、これをまわりの植物などに引っかけて寄りかかるようにしてよじ登る。刺のある茎葉で憎い継子の尻を拭くというのが名前の由来。

花は10個くらいまとまってつく

葉は三角形

茎には下向きの刺がある

尻でなくとも茎に触れたら傷だらけになる

つる性

ミゾソバ【溝蕎麦】

別名 ウシノヒタイ
学名 *Persicaria thunbergii* var. *thunbergii*

花期 8～10月
生活 一年草
分布 北海道～九州
生育 溝、水路、畦

タデ科

花は白色～淡紅色

📷 観察ポイント

花は直径4～7mmと大きめだが花弁に見えるのは、深く5裂した萼。花色は個体差があるが、白くて先端だけが淡紅色であることが多い。

秋の虫が鳴き始める頃、可憐な花が水辺を彩る

高さ30～80cm

葉は鉾形で長さ3～8cm

茎は少し地を這ってから立ち上がる

溝などに生え、ソバに似ているのが名の由来。根元の茎は横に伸びて節から根を出し、上部は立ち上がり群生する。葉が牛の顔の形に似るのでウシノヒタイの別名がある。

ツユクサ科

イボクサ【疣草】

- 学名 *Murdannia keisak*
- 花期 9〜10月
- 生活 一年草
- 分布 本州〜沖縄
- 生育 水田、溝、池畔

水田や溝などに地を這うように広がり、先端に小さな淡紅色の三弁花をつける。水田雑草のひとつで、昔から葉を揉んでその汁をつけるとイボ（疣）が取れるといわれため、この名がついた。

花弁は3枚、先端ほど色が濃い

📷 観察ポイント

花は直径10〜13mm、3枚の花弁は白〜淡紅色で先端ほど色濃くなる。その日のうちに枯れてしまう小さな一日花は、儚く美しい。

葉は広線形で長さ2〜5cm

茎は地を這って節から根を出す

高さ10〜30cm

稲刈りの前後の水田でよく見られる

ツリフネソウ【釣舟草】

学名 *Impatiens textorii*

花期	8〜10月
生活	一年草
分布	北海道〜九州
生育	沢沿い、湿った林縁

ツリフネソウ科

花は葉の上に咲き、距の先は巻き込む

高さ40〜80cm

葉は菱形に近い楕円形

📷 観察ポイント

花のつくりを見ると園芸種ホウセンカと同じ仲間だとよくわかる。果実も熟すと、ホウセンカのように、些細な刺激で種子を弾き飛ばす。

渓流沿いなどの湿った場所に生え、同じような環境に生えるキツリフネ(P.135)と混生することも多い。ツリフネソウの仲間はみな葉の下に花をつけるが、本種のみ例外的に葉の上につく。

マルハナバチなどがひっきりなしに花を訪れる

ナデシコ科

カワラナデシコ【河原撫子】

別名 ナデシコ
学名 *Dianthus superbus* var. *longicalycinus*

- **花期** 7〜10月
- **生活** 多年草
- **分布** 本州〜九州
- **生育** 草地、林縁、河原

📷 観察ポイント

花は直径4〜5cmほどで花弁の先が櫛状に細かく切れ込むのが特徴。花色は淡紅色が基本だが、濃淡は個体差があり、白色もある。

淡紅色の花弁は深く細かく切れ込む

高さ30〜80cm

葉は無毛で粉白緑色

茎は細く節が紫褐色を帯びる

名にカワラ（河原）とつくが林縁や草原にも多い

河原や草原で、細くしなやかな茎の先に、凛とした淡紅色の花を咲かせる。この清楚な様を日本女性にたとえたのが、大和撫子の語源。秋の七草のひとつ。

ハエドクソウ【蠅毒草】

学名 *Phryma leptostachya*

- **花期** 7〜8月
- **生活** 多年草
- **分布** 北海道〜九州
- **生育** 林床、林縁、木陰

林内や半日陰の藪などに生え、茎の上部の長い花柄にまばらに並んだ花を下から順に咲かせる。名前は本種の有毒成分をハエ取り紙に利用したことによる。

ハエドクソウ科

花は唇形で淡紅色

茎は細く、上部で分枝する

果実の先には爪があり獣や衣服につく

高さ40〜70cm

葉には粗い鋸歯がある

📷 観察ポイント

唇形花の基部を包む萼を見ると、上縁の濃紅紫色の部分が3深裂していることがわかる。結実後、これがイノコヅチ（街中編P.272）の果実のように下を向き、引っつき虫になる。

ハマウツボ科

ナンバンギセル【南蛮煙管】

別名 オモイグサ
学名 *Aeginetia indica* var. *indica*
花期 7〜9月
生活 一年草
分布 日本全土
生育 草原、畑

高さ10〜20cm

花は長さ3〜4cm

ススキ（街中編P.291）、トウモロコシ、陸稲などのイネ科植物や、ミョウガなどの根に寄生する。葉緑体はもたず、葉も鱗片状に退化している。地上には花茎を伸ばし、淡紅紫色の筒状の花をつける。

茎は地上に花茎を伸ばす

葉は鱗片状に退化している

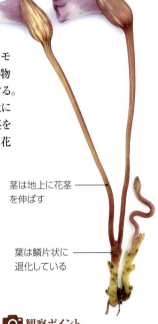

ススキに寄生。数本ずつ生えることが多い

📷 観察ポイント

地上部の形が南蛮渡来のキセルのようなのでこの名がついた。花がうつむいて咲き、もの思いにふけっているようなので万葉集では思草（おもいぐさ）の名で詠まれている。

シモツケソウ【下野草】 固

学名 *Filipendula multijuga* var. *multijuga*

- **花期** 6〜8月
- **生活** 多年草
- **分布** 本州（関東地方以西）〜九州
- **生育** 草原、林縁

バラ科

高さ30〜80cm

淡紅色の5弁花、長い雄しべが目立つ

初夏の草原で、50〜60cmに伸びた茎の先に、淡紅紫色の細かい花をたくさんつける。木本に、下野の国（栃木県）に多く自生するため名がついたシモツケがあり、それに似た草本なのでこの名がある。

📷 観察ポイント

葉は一見、粗い鋸歯のある掌状で、羽状複葉には見えない。しかし、これは羽状複葉の先端部分（頂小葉）で、葉柄の部分をよく見るとごく小さい側小葉があるのがわかる。

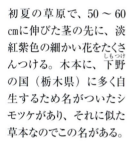

羽状複葉だが側小葉は小さい

茎は細くて硬い

木本のシモツケより花序が縦に長い

ヒガンバナ科

ワレモコウ【吾木香／吾亦紅】

学名 *Sanguisorba officinalis*

花期 7～10月
生活 多年草
分布 北海道～九州
生育 草地、土手、林縁

高さ60～120cm

えんじ色の小さな花が集まる

📷 観察ポイント

花穂は、ふつう下から上に花が咲き上っていくが、本種の花穂は上から下へ咲き下ってくる。

茎はよく分枝する

茎の上部にほとんど葉はなく先に花穂がつく

葉は羽状複葉

上部でよく分枝する細い茎の先に、小さな花がたくさん集まった2～3cmほどの花穂をつける。風に揺れる花穂に、赤トンボが止まる様は趣き深い。秋の季語でもある。

212

ナツズイセン【夏水仙】

バラ科

学名 *Lycoris* × *squamigera*

花期 8月
生活 多年草
分布 中国原産
生育 人里付近の野原、道端、木陰

花の直径は8〜10cm

高さ40〜70cm

葉は花期にはなく、早春〜初夏に茂る

人里近くの道端や木陰、土手などに生える。夏、長く太い花茎の先に、ピンク色の大きな花を5〜7輪ほどつける。このとき葉はないが、早春〜初夏に出る葉がスイセンに似て、夏に花咲くのが名前の由来。

📷 観察ポイント

名にスイセンとつくが、ヒガンバナ（街中編P.149）やキツネノカミソリ（P.162）と同じリコリス属。スイセンも有毒だが、リコリスの仲間も有毒なので食べてはいけない。

古く中国から渡来した帰化植物とされる

ヒユ科

ノゲイトウ【野鶏頭】

学名 *Celosia argentea*

高さ40〜100㎝

尖った花穂の下から上へ咲いていく

📷 **観察ポイント**

花穂は全体が乾いた感じでカサカサしている。

尖った花穂の下から上へ咲いていく

茎は無毛で縦条がある

花期 7〜10月
生活 一年草
分布 熱帯アメリカ原産
生育 人里付近の野原、休耕地、畑地

ピンク色の蠟燭の炎のような花穂は、下から順に咲き上がっていく。名前は野原に咲くケイトウからで、同じ仲間の園芸種がセロシアの名前で流通している。

暖地の空き地や休耕地に群生することが多い

ヒメフウロ【姫風露】

別名 シオヤキソウ
学名 *Geranium robertianum*

花期	4〜6月
生活	越年草
分布	本州、四国
生育	石垣、木陰

フウロソウ科

果実は熟すと弾けて巻きあがる

花は直径約1cm

高さ20〜50cm

葉は細かく深く切れ込む

茎は細く赤紫色を帯びる

📷 観察ポイント

小さな桃色の5弁花は花弁に微かな筋模様が入り、とても可憐で美しい。また茎の下方の葉は紅葉していることが多い。秋には全体に紅葉し、風情がある。

北半球の温帯域に広く分布し、日本では本州と四国の石灰岩質の山で自生が見られる。それとは別に、海外から観賞用や薬用として入ったものが逸出し、自生地以外で帰化し増えている。

マメ科

ヤブマメ【藪豆】

別名 ギンマメ
学名 *Amphicarpaea bracteata* subsp. *edgeworthii*

その名のとおり藪に生えるマメの仲間で、ほかの植物やフェンスに絡まって伸びる。葉のつけ根から出た花柄の先に、淡紫色の蝶形花を数個ずつつける。

花期 8〜11月
生活 一年草
分布 北海道〜九州
生育 藪、林縁、道端、草原

葉は3小葉からなる

つる性

茎には下向きの毛がある

長さ約1.5cmの蝶形花が数個つく

フェンスに絡んで花をつけたヤブマメ

📷 観察ポイント

同じ時期に似た場所で生える仲間にツルマメ（街中編P.190）があるが、これは紅紫色の小さな花で、より開けた日当たりの良い場所に生える傾向がある。

レンゲソウ【蓮華草】

別名 レンゲ、ゲンゲ
学名 *Astragalus sinicus*

マメ科

観察ポイント

茎の頂で輪状に咲く赤紫色の花を、仏像が座す蓮華台にたとえたのが名の由来。ゲンゲともいう。

花茎の先に紅紫色の花が輪状に咲く

果実は熟すと黒くなる

9〜11枚の小葉からなる羽状複葉

高さ10〜30㎝

多くの花をつける優秀な蜜源植物でもある

花期 4〜6月
生活 越年草
分布 中国原産
生育 水田とその周辺

江戸時代以前に渡来した中国原産の帰化植物。昔から水田の緑肥として使われ、一面に広がる赤紫色の花の絨毯は、田起こし前の風物詩でもあった。最近、また見直されつつある。

マメ科

コマツナギ【駒繋ぎ】

学名 *Indigofera pseudotinctoria*

- **花期** 7〜9月
- **生活** 落葉小低木
- **分布** 本州〜九州
- **生育** 草地、道端

花は紅紫色で長さ約7mm

小葉11〜13枚からなる奇数羽状複葉

豆果は細くてまっすぐな円柱状

茎は細いが丈夫

高さ30〜80cm

📷 観察ポイント

茎は見た目は細いが、馬をつなぎとめておけるほど丈夫なので、この名がついた。

草のように見えるが、落葉小低木。夏から秋にかけて、葉のつけ根から花柄を伸ばし、3〜4cmの花穂に紅紫色の蝶形花を多数つける。

日当たりが良く、やや乾燥した野原や道端に生える

ヤハズソウ【矢筈草】

学名 *Kummerowia striata*

- 花期 8〜10月
- 生活 一年草
- 分布 日本全土
- 生育 草地、道端、河原

マメ科

高さ15〜35cm

花は葉腋に1〜2個つく

茎には下向きの毛がある

ほふくタイプと直立タイプがありこれは前者

葉は3小葉からなる

📷 観察ポイント

似た環境で近縁のマルバヤハズソウも生えるが、小葉の形がやや丸い、茎に生える毛が下から上に向く、旗弁の模様がはっきりしているなどの点で識別できる。

道端や草地、芝生など、郊外でも市街地でも見られる。根元から多数の茎を分枝させて増え、群生する。小葉の先をつまんで引っ張ると、支脈に沿って矢筈の形にちぎれるのが名前の由来。

マメ科

ヒロハノレンリソウ【広葉の連理草】

学名 *Lathyrus latifolius*
花期 6〜8月　**生活** 多年草
分布 ヨーロッパ原産
生育 人家周辺、空き地、草地、土手

観察ポイント

花色はピンク系が多いが、濃淡に差があり、白もある。近縁種のスイートピーとよく似るが、花に香りはなく、果実のさやは細長い。

花は直径約3cmの蝶形花

つる性

茎は全体に無毛

2小葉からなり頂部に巻きひげを出す

すべてスイートピーを細く小型にした感じ

大正時代から観賞用に栽培され、現在は逸出帰化したものが各地で見られる。つる性で、2小葉の頂部から出る巻きひげで、周りのものに巻きついていく。花は穂状に複数つく。

シャグマハギ【赤熊萩】

- 別名 シャグマツメクサ
- 学名 *Trifolium arvense*
- 花期 4～9月
- 生活 一年草または越年草
- 分布 ヨーロッパ原産
- 生育 道端、荒れ地、草地

マメ科

高さ10～40cm

花序は長さ4～5mmの蝶形花が集まる

3小葉からなり互生する

道端や荒れ地に生え花穂はドライフラワーのよう

観察ポイント

萼の淡紅色の毛が密集した花穂を、赤熊にたとえて名がついたと思われる。

第二次世界大戦後に沖縄県で帰化が確認され、現在は各地の道端などで見られる。茎は赤みを帯びることが多く、分枝しながら群生する。花は毛の生えた萼に包まれて、穂状につく。

ミソハギ科

ホソバヒメミソハギ【細葉姫禊萩】

学名 *Ammannia coccinea*

花期 8〜10月　分布 熱帯アメリカ原産
生活 一年草　生育 水田、休耕田

高さ50〜80cm

花は紅紫色で直径約4mmの4弁花

茎の断面は四角い

細長い葉は対生する

対生した葉が90°ずつずれる十字対生が特徴的

📷 観察ポイント

1952年に佐世保で見つかった帰化植物で、今では関東地方北部以西に見られる水田雑草。葉の基部が耳状に左右に張り出し、茎を抱くのが特徴で、葉は対生する。

夏から秋にかけて、葉腋に数個の花を次々と咲かせる。花後の果実は3〜4mmの球形で、熟すと萼筒から顔を出し、光沢のある赤褐色になる。

ミソハギ【禊萩】

- **別名** ボンバナ
- **学名** *Lythrum anceps*
- **花期** 7～8月
- **生活** 多年草
- **分布** 北海道～九州
- **生育** 田の畦、湿地

湿地に生える草で、昔からお盆には欠かせない花として畦道などに植えて備えられ、盆花(ぼんばな)とも呼ばれる。名前は禊(みそぎ)に使われるハギに似た花からきている。

ミソハギ科

花は直径8～10mm

高さ50～100cm

茎(くき)の断面は四角い

葉は対生し基部は茎を抱かない

畦に咲くミソハギは夏の風物詩のひとつ

メギ科

イカリソウ【錨草】固

学名 *Epimedium grandiflorum* var. *thunbergianum*

- **花期** 4〜5月
- **生活** 多年草
- **分布** 北海道〜本州
- **生育** 林床、林縁

距

高さ20〜40cm

3小葉が3つに分かれてつく

花は距が目立ち直径3〜4cm

花茎の途中にふつう1枚の葉をつける

4枚の花びらそれぞれから、筒状の距が前に向かって突き出る。この独特な花の形を錨にたとえたのが名の由来。地上部はインヨウカク（淫羊藿）と呼ばれる生薬になり、精力剤として知られる。

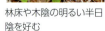

林床や木陰の明るい半日陰を好む

チダケサシ【乳茸刺】固

学名 *Astilbe microphylla* var. *microphylla*

花期 6〜8月
生活 多年草
分布 本州〜九州
生育 草原、湿地

高さ40〜80cm

花弁は細いさじ状で5枚

湿った草地に生え、長い花茎の先に短い側枝とともに淡紅色の花を密生する。この長い花茎に、チチタケ（チダケ）というキノコを刺して持ち帰ったところからこの名がついた。同属の園芸品種が属名アスチルベの名で流通している。

茎は直立する

葉は2〜3回羽状複葉

一見シモツケソウの花序の先を尖らせた感じ

ユキノシタ科

ユリ科

カタクリ【片栗】

- **別名** カタカゴ
- **学名** *Erythronium japonicum*
- **花期** 3〜7月
- **生活** 多年草
- **分布** 北海道〜九州
- **生育** 林床、林縁

高さ10〜20cm

花は花茎の先に下向きに咲く

📷 観察ポイント

花のあと、3室からなる果実を実らせ、林の樹々が葉を茂らせる頃には枯れてなくなり、来春まで休眠する。このような生活史をもつ植物を「スプリングエフェメラル」と呼ぶ。

葉には暗紫色の模様がある

発芽から花が咲くまで7〜8年かかるという

山地や丘陵地の落葉広葉樹林の林床に生える。早春にまず大きな楕円形の葉を出し、次いで花茎の先に淡紅紫色〜紅紫色の花を1輪つける。花は晴れた日のみ開き、花びらが反り返る。

ホトトギス【杜鵑草】固

学名 *Tricyrtis hirta* var. *hirta*
- 花期 8〜10月
- 生活 多年草
- 分布 北海道（西南部）〜九州
- 生育 林縁、崖

林縁のほか、林道沿いの崖や斜面に茎を寝かせたり、垂れ下がるようにして生えていることが多い。葉腋に白地に紫色の斑点のある花を2〜3個ずつつける。

観察ポイント

花の斑点が、鳥類のホトトギスの胸の模様に似るところから名前がついた。近縁種タイワンホトトギスは、茎の先端の花序に花がつく。

ユリ科

花には紫色の斑点がある

茎は斜上か垂れ下がる

葉は互生する

高さ40〜80cm

崖や斜面に茎を下垂させていることが多い

ラン科

シラン【紫蘭】

学名 *Bletilla striata* var. *striata*

- 花期 4〜5月
- 生活 多年草
- 分布 本州（中南部）〜沖縄
- 生育 草原、斜面の草地

草原や斜面でよく見られるが、庭や公園にも植栽されているので逸出が多く、野生との見分けは難しい。自生地は減っているものの丈夫な植物で、毎年春から初夏に、紅紫色のランの花を咲かせる。

花は直径約5cm

高さ30〜50cm

葉は20〜30cmで縦のしわが目立つ

これは逸出と思われる群生。群れると一段と華やか

📷 観察ポイント

地下には偽球茎と呼ばれる球根があり、春にここから幅6〜7cm、長さ30〜40cmほどの葉を出す。この葉が秋に黄褐色に紅葉する様もまた趣がある。

サイハイラン【采配蘭】

学名 *Cremastra appendiculata*

- **花期** 5〜6月
- **生活** 多年草
- **分布** 北海道〜九州
- **生育** 林内、林縁

ラン科

林床や林縁の木陰に咲くランの仲間で、真っ直ぐ伸びた花茎に淡紫褐色の花を10〜20個下向きにつける。葉は幅3〜6cm、長さ15〜30cmの先の尖った長楕円形で、ふつう1枚だけつく。

細い花弁で下向きに咲く

高さ30〜50cm

📷 観察ポイント

花は外側の萼片と側花弁は淡紫褐色で細長く、中央の唇弁は紅紫色をしている。花茎全体の形が、武将が戦場で指揮するときに使った采配に似ているところからこの名がついた。

木陰にひっそりと咲くその姿はまさに采配

葉は長楕円形で長さ15〜30cm

アゼナ科

ウリクサ【瓜草】

学名 *Lindernia crustacea*

花期 8〜10月
生活 一年草
分布 北海道〜沖縄
生育 畑、荒れ地

地を這うように広がり先端部がやや斜上することがある。5〜6mmほどの小さな花の下唇は3裂し、中心の裂片に紫色の横線が入る。果実はウリのような縞がある。

高さ5〜20cm

花の蜜へのトンネルをしべが囲む

葉は長さ5〜20mm、粗い鋸歯がある

地を這う茎の節から根を下ろす

畑や道端から庭の片隅まで、どこにでも生える

観察ポイント

茎は紫色を帯びることが多く、葉も葉脈と縁を中心に紫がかる。これは日当たりの良い場所ほど顕著。

アヤメ【菖蒲】

学名 *Iris sanguinea*

花期 5〜7月
生活 多年草
分布 北海道〜九州
生育 野山の草地

アヤメ科

葉の主脈は不明瞭

花の網目模様がよく目立つ

黄色い網目模様を目印にハチが吸蜜に訪れる

高さ30〜60㎝

茎は中空で直立する

湿地に育つノハナショウブ（P.169）や、カキツバタ（P.169）とよく混同されるが、アヤメは水辺には生息せず、山野の比較的乾いた草地に育つ。花の網目模様（綾目）が名の由来とされる。

水辺ではなく山地の草原に生えるのが特徴

231

キキョウ科

ツリガネニンジン【釣鐘人参】

- 別名 トトキ
- 学名 *Adenophora triphylla var. japonica*
- 花期 8～10月
- 生活 多年草
- 分布 北海道～九州
- 生育 林縁、丘陵地の草原、河川の土手

日当たりの良い土手や林縁に、釣鐘状の淡青紫色の花を次々咲かせる。根が朝鮮人参に似ていることが名前の由来。実際、根はシャジン（沙参）の名で薬用とされる。

花は淡青紫色の釣鐘状

上部で分枝し花をつける

高さ40～100cm

葉の下部は3～5枚の葉が輪生する

春先の若い芽はトトキの名で山菜に利用

サワギキョウ【沢桔梗】

学名 *Lobelia sessilifolia*
花期 8〜9月
生活 多年草
分布 北海道〜九州
生育 山野の湿った草地、湿原

キキョウ科

山野の日当たりの良い湿地などで、高さ1mほどの茎を直立させ、鮮やかな紫色をした独特な形の花を多数つける。群生していることが多く、ハチやチョウが頻繁に吸蜜に訪れる。

花は5裂し、直径3〜4cm

📷 観察ポイント

草丈や姿は異なるが、ミゾカクシ（P.174）と同属で、独特な花の形を見れば納得できる。アルカロイドの一種を含む有毒植物なので、口にしてはいけない。

高さ50〜100cm

湿原に群生し、風に揺れる姿は風情がある

茎は分枝せず直立する

葉に葉柄はなく互生する

キキョウ科

キキョウ【桔梗】

学名 *Platycodon grandiflorus*
花期 6〜9月
生活 多年草
分布 日本全土
生育 山野の草地、草原

秋の七草「アサガオ」とは、本種のこととされる。日当たりのよい山野の草地に生えるが、今は野生が減り、絶滅危惧種となっている。

📷 観察ポイント

キキョウの花は中央の雌しべを囲むようについている5本の雄しべがまず開き、花粉を出し終わったころ雌しべが開く。これを雄性先熟といい同花受粉を避けるしくみのひとつ。

これは植栽。野生はほとんど見かけなくなった

花は広鐘形で直径5〜7cm。これは雌しべ（柱頭）が開いた雌性期の花

高さ40〜100cm

茎は硬く、直立する

葉は互生する

ノコンギク【野紺菊】固

学名 *Aster microcephalus* var. *ovatus*

花期	8〜11月
生活	多年草
分布	本州〜九州
生育	草地、林縁

キク科

草地や林縁で群生することが多い野菊のひとつ。茎や葉はやや硬めで、毛が多いのでザラザラしている。白色〜淡青色の花をつけるが、淡色の花も咲く直前の蕾は紫色を帯びる。

📷 観察ポイント

ユウガギク（P.39）やヨメナ（P.238）の花と比べて、上から見ると筒状花の部分の面積が小さく、花を横から見て冠毛がわかるのは本種だけ。

高さ50〜100cm

葉は両面に毛がある

花の直径は約2.5cm

痩果には長い冠毛がある

茎は硬くざらつく

キク科

ミヤマヨメナ【深山嫁菜】 固

学名 *Aster savatieri*

花期 5〜6月
生活 多年草
分布 本州〜九州
生育 林床、沢沿い、木陰

花の直径は3〜4cm

花は筒状花と舌状花からなり、舌状花の色は白色〜青紫色で個体差が大きい。花色の濃いものを選別したのが、ミヤコワスレ。秋ではなく初夏に花が咲き、果実に冠毛がないことが特徴。

やや湿った半日陰で群生していることが多い

茎には細かい毛がある

葉は互生し、長さ3.5〜6cm

高さ20〜50cm

カントウヨメナ【関東嫁菜】固

学名 *Aster yomena* var. *dentatus*
花期 7～10月
生活 多年草
分布 本州（関東地方以北）
生育 田の畦、湿った草地

キク科

ヨメナ（P.238）が中部地方以西に分布するのに対し、本種は関東地方以北に分布する。茎の下部の葉は浅い切れ込みがあり、上部の葉はほぼ全縁。花はヨメナよりやや小さく径約2.5cm。

花は白色～淡紫色

📷 観察ポイント

ヨメナの若芽は山菜として人気だが、本種は食べられるものの、あまり利用されない。

冠毛がヨメナの半分の長さ（約0.25mm）なのが識別点

高さ40～120cm

下部の葉には浅い切れ込みがある

キク科

ヨメナ【嫁菜】 固

学名 *Aster yomena* var. *yomena*
花期 8～11月
生活 多年草
分布 本州（中部地方以西）～九州
生育 田の畦、湿った草地、溝のふち

花は白色～淡紫色

静岡県あたりを境に西側に分布し、溝のふちや畦など湿ったところに生える。花の直径は約3cm、花色は白色から淡紫色まで変化が多い。

果実の上にある冠毛は長さ約0.5mm

高さ50～120cm

茎は上部で分枝する

下部の葉は浅く切れ込む

湿った環境に見られ、溝の縁などに群生していることが多い

ヒメヤブラン【姫藪蘭】

キジカクシ科

学名 *Liriope minor*
花期 7〜9月
生活 多年草
分布 北海道西南部〜沖縄
生育 草地、林縁、芝地

高さ5〜15cm

花の直径は5〜6mm

葉は長さ8〜20cm、幅2〜3mm

花茎は5〜12cmで直立する

📷 観察ポイント

一見ジャノヒゲ（街中編P.53）によく似るが、本種は花が下を向かず、横かやや上向きで、ほぼ平らに全開する。雌しべが上向きに反り返るため、ヤブラン（街中編P.210）に近い。

小さいがヤブラン属の特徴を備えている

林縁や草地に生え、葉が細いので花が咲かないと気づかないことが多い。葉より短い花茎は直立し、白色〜淡紫色の花が数個まばらにつく。花後、剥き出しの黒い種子がつく。

キンポウゲ科

ヤマトリカブト【山鳥兜】 固

学名 *Aconitum japonicum* subsp. *japonicum*

花期 8～10月　分布 本州（東北～中部地方）
生活 多年草　生育 林縁、林床

📷 観察ポイント

全草猛毒。花の時期なら他種と間違えることはないが、春先の新葉の頃、同じような環境に生える山菜のニリンソウ（P.52）とよく似るので要注意。

高さ80～150cm

花は紫色で長さ4～6cm

葉は深く裂ける

茎は斜上または下垂する

昔、頭に被った鳥兜や烏帽子に似るのが名の由来

林縁や林内などの草地に生え、夏から秋にかけて独特の形をした紫色の花をつける。茎は斜上するか、傾斜地では下垂していることが多い。地域によって変種が多い。

キクザキイチゲ【菊咲一華】

学名 *Anemone pseudoaltaica*

- **花期** 3〜5月
- **生活** 多年草
- **分布** 北海道、本州（近畿地方以北）
- **生育** 落葉広葉樹林の林床、林縁

キンポウゲ科

落葉広葉樹林の林床で、ほかの木や草が芽吹く前に芽生え、茎の先に白色〜紫色の花を一輪咲かせる。キクに似た花を一輪つけるので、この名がついた。

寒冷地の方が花色が濃い傾向があるようだ

高さ10〜30cm

花は白色〜紫色で直径3〜4cm

葉は深く切れ込む

📷 観察ポイント

よく似たアズマイチゲ（P.53）と比べて、葉は切れ込みが深く、垂れない。また、花の中心部が紫色でない点でも区別できる。

花茎には柔らかい毛がある

ケシ科

エゾエンゴサク【蝦夷延胡索】

学名 *Corydalis fumariifolia* subsp. *azurea*

花期 4〜5月　**生活** 多年草
分布 北海道〜本州（東北地方の日本海側）
生育 林床、林縁

📷 観察ポイント

葉の形や花色には変化が多い。花柄の基部の苞葉はふつう切れ込まない。

花柄基部の苞葉は切れ込まない

高さ8〜25cm

葉の形は変化に富む

林床に春だけ現れるスプリングエフェメラル

主に北海道から本州北部の日本海側の林床や林縁に生え春先に青紫色の唇弁花をつける。北海道のものは特に青紫色が鮮やかな傾向がある。葉の形状は非常に変化に富んでいる。

ヤマエンゴサク【山延胡索】

学名 *Corydalis lineariloba* var. *lineariloba*

- **花期** 4〜5月
- **生活** 多年草
- **分布** 本州〜九州
- **生育** 湿った林内、林縁

ケシ科

葉は3小葉からなる

花柄基部の苞葉→は切れ込む

花色は青紫色〜紅紫色

高さ10〜20cm

📷 観察ポイント

よく似るジロボウエンゴサクとエゾエンゴサクは、花のつけ根の苞葉が全縁だが、本種には切れ込みがあるので区別できる。

春に木々が芽吹く前の林床や林縁で、いち早く芽を出す。それから花を咲かせて結実すると、夏前には地上部は枯れてしまう、スプリングエフェメラルと呼ばれる植物のひとつ。

花色はエゾエンゴサクより赤みが強い

243

サギゴケ科

ムラサキサギゴケ【紫鷺苔】

別名 サギゴケ
学名 *Mazus miquelii*

観察ポイント

花が白いものをサギゴケと呼んでいたが、本種も同様に呼ぶこともあるようだ。確かに個体数は紫の花の方がずっと多い。

花は唇形花で長さ約2㎝

高さ5〜10㎝

ランナーの葉は小さく、対生する

ほふく枝を出して広がる

花期 4〜6月
生活 多年草
分布 本州〜九州
生育 田の畦、湿った草地

田の畦や湿った草地に生え、地を這うほふく枝を出して群生することが多い。よく似たトキワハゼ（P.245）は、全体に小ぶりで花茎を立ち上げ、地を這う茎は出さない。

花茎のみ立ち上がることもあるが、それ以外は地を這う

トキワハゼ【常磐爆】

学名 *Mazus pumilus*

- **花期** 4〜11月
- **生活** 一年草または越年草
- **分布** 北海道〜九州
- **生育** 道端、空き地、畑地

道端や畑などで通年花をつけ、実が爆ぜるのが名前の由来。ムラサキサギゴケ（P.244）に似るが、花は淡色で小ぶり、横へ這うランナーを出さない、春以外にも花をつけるなどの点で異なる。

サギゴケ科

唇形花で下唇に橙色の斑紋がある

📷 観察ポイント

上下に花弁が分かれている花を唇にたとえて唇形花という。下唇には、虫たちを蜜のありかへ導くための目印や、足場としての模様や工夫が見られる。

茎は直立して花をつける

葉は根際に集まる

ほぼ通年どこかで花を咲かせている

高さ5〜20cm

シソ科

ジュウニヒトエ【十二単】

- 学名 *Ajuga nipponensis*
- 花期 4〜5月
- 生活 多年草
- 分布 本州、四国
- 生育 明るい林床、林縁、草地

明るい林床や草地に生え、白〜淡紫色の唇形花を4〜8㎝ほどの花穂に重なり合うように咲かせる。この様子を宮中の女官の装束である「十二単」にたとえたのが名前の由来。

淡紫色の唇形花は長さ約1.5㎝

高さ10〜25㎝

葉は対生し、縁は波状の鋸歯がある

茎は直立または斜上し毛が多い

近縁のキランソウが這うのに対し本種は直立する

📷 観察ポイント

最近は園芸植物として入ってきたアジュガ（セイヨウジュウニヒトエまたはセイヨウキランソウとも呼ばれる）が帰化。これは葉が紫色を帯び花も濃紫色でほふく枝を出す。

ヒキオコシ【引起】

- **別名** エンメイソウ
- **学名** *Isodon japonicus* var. *japonicus*
- **花期** 8〜10月
- **生活** 多年草
- **分布** 本州、四国、九州
- **生育** 日当たりの良い乾き気味の草地

シソ科

花は紫色で長さ5〜7mm

山の道端や林縁などに生える細身で背の高いシソ科植物

観察ポイント

茎の上部で対生した葉のつけ根から細い花茎を伸ばして長さ5〜7mmの淡紫色の唇形花をまばらにたくさんつける。

葉は対生し長さ5〜15cm

高さ50〜100cm

茎は細かい毛があり断面は四角い

昔、弘法大師が山道に修験者が倒れているのを見つけ、この草の汁を飲ませたら、すぐに治って立ち上がることができたところからこの名がついたという。

シソ科

ラショウモンカズラ【羅生門葛】

学名 *Meehania urticifolia*

花期 4〜5月	分布 本州〜九州
生活 多年草	生育 山地の林内、沢沿い、林縁

花は紫色で長さ4〜5㎝

湿った環境に生育するので沢沿いの林床等に多い

茎は直立する

葉は対生する

高さ15〜30㎝

林内や林縁で、長いハート形の葉を対生させた茎の先に、紫色の唇形花を数個ずつ数段つける。花のあと、茎の下部から走出枝を伸ばして増える。長さ4〜5㎝ある紫色の唇形花を渡辺綱が羅生門で切った鬼女の腕に見立てたのが名前の由来。

ウツボグサ【靫草】

別名 カコソウ
学名 *Prunella vulgaris* subsp. *asiatica* var. *asiatica*

- 花期 5〜7月
- 生活 多年草
- 分布 北海道〜九州
- 生育 道端、草地

シソ科

花は紫色の唇形花

山野の日当たりのよい草地や道端に生える

葉は対生する

茎の断面は四角い

高さ10〜30cm

初夏に紫色の唇形花を穂状につける。真夏に穂が枯れて茶色くなったものは、カゴソウ（夏枯草）という名の生薬になる。また、西洋でも薬草に利用され、セルフヒールの名で親しまれている。

シソ科

アキノタムラソウ【秋の田村草】

学名 *Salvia japonica*

- **花期** 7〜11月
- **生活** 多年草
- **分布** 本州〜沖縄
- **生育** 林縁、道端

早いものは梅雨明け頃から、山や丘陵地の林縁などで、紫色の花をつけはじめる。シソ科特有の四角い茎に、羽状の葉をつけるが、小葉の数や形に変化が多く、上部の葉は単葉のこともある。

花は紫色で長さ約1cm
（写真：山田隆彦）

茎には細かい毛がある

3〜7枚の小葉からなる

高さ20〜80cm

(写真：山田隆彦)

多紫草が名の由来との説があるが真偽は不明

タツナミソウ【立浪草】

学名 *Scutellaria indica* var. *indica*

- **花期** 4〜6月
- **生活** 多年草
- **分布** 本州〜九州
- **生育** 丘陵地の林縁、斜面

シソ科

高さ20〜30cm

花は基部で立ち上がり長さ1.5〜2cm

葉は対生し表裏とも毛がある

茎は四角く紫褐色を帯び毛が多い

花色や斑紋には個体差がある

（写真：山田隆彦）

仲間！ コバノタツナミ

関東地方から沖縄にかけての海岸に近い丘陵地などに生えるタツナミソウの変種で、やや小型でより毛が多い。園芸品種も多い。

日当たりの良い林縁や斜面で直立した茎の片側だけに独特な形の唇形花を重なり合うように咲かせる。花弁には斑紋があり、その花の様子が波のようなのでこの名がある。

251

シソ科

ハマゴウ【浜栲】

別名 ハマハヒ
学名 *Vitex rotundifolia* f. var. *rotundifolia*

花期 7〜9月
生活 常緑小低木
分布 本州〜沖縄
生育 海岸、砂浜

砂浜に埋まりながら茎を這わせ、群生する。夏に枝先に青紫色の唇形花をつけ、花後は丸い果実を実らせる。果実はマンケイシ（蔓荊子）と呼ばれる生薬として知られる。

📷 観察ポイント

全体に芳香があり、昔は香として用いられたので「浜香」、茎が浜を這うので「浜這」など、名の由来には諸説ある。

花は青紫色の唇形花

葉は全縁で裏は白い

茎は地を這い群生する

高さ30〜100cm

果実は蔓荊子（まんけいし）と呼ばれる生薬

砂に埋もれていると草のようだが常緑小低木

マツムシソウ【松虫草】固

スイカズラ科

学名 *Scabiosa japonica*
花期 8〜10月
生活 多年草
分布 北海道〜九州
生育 草地、草原

初秋の草原に細長い茎を分枝しながら立たせ先端に淡青紫色の美しい花を咲かせる。草原を吹く風に揺れる涼しげな色の花は秋の訪れを感じさせる風情がある。

📷 観察ポイント

花は、中心部に先が5裂した小さな筒状の花が集まり、周辺には3裂片が大きく横に張り出した花が並ぶ。マツムシが鳴き始める頃、咲き出すのでこの名がついたという。

花の直径は4〜5cm

花茎は細くて長い

葉は対生し羽状に深裂する

高さ50〜90cm

高原に秋風が吹き始めるころに咲き出す

ヒルガオ科

ノアサガオ【野朝顔】

学名 *Ipomoea indica*

- 花期 6〜12月
- 生活 多年草
- 分布 本州（紀伊半島以南）〜沖縄
- 生育 道端、荒れ地、林縁

📷 観察ポイント

アサガオに似るが、花柄が短く萼片が反り返らない点で区別できる。花は、開花後しばらくは青紫色で、午後になると淡紅紫色に変化する。

花は直径約10cm

葉はハート形または3裂

つる性

アサガオと異なり一日中咲いている

もともと紀伊半島から沖縄にかけての海岸沿いに自生していたが、現在はより北の地方でも植栽されたものが野生化し、分布は広がっている。海岸沿いの道端や斜面に大群生することもある。

ツルフジバカマ【蔓藤袴】

学名 *Vicia amoena*

- **花期** 8〜10月
- **生活** 多年草
- **分布** 北海道〜九州
- **生育** 草原、道端

マメ科

花は紅紫色で長さ1.2〜1.5cm

つる性

小葉は10〜16枚

花色が赤みの強い紫色（紅紫色）なのもよい特徴

葉の先端にある巻きひげで、周りのものの絡みつく、つる性植物。花色がフジバカマ（P.183）に似るのが名の由来。クサフジ（P.256）に似るが、小葉の数が10〜16と少なく、花期が遅い。

マメ科

クサフジ【草藤】

- 学名 *Vicia cracca*
- 花期 5〜9月
- 生活 多年草
- 分布 日本全土
- 生育 草地、土手、道端

花は長さ1.2〜1.5cm

つる性

小葉は18〜24枚

蕾は紅紫色、開花後花弁は青みが増し青紫色に近くなる

草地や土手などで、ほかの植物に絡まって繁茂する。10cmほどの花序の片側に淡紫色〜青紫色の花を多数つけ、下から上に順に咲いていく。花や葉が木本のフジに似ているのが名の由来。

ナンテンハギ【南天萩】

別名 フタバハギ、アズキナ、タニワタシ
学名 *Vicia unijuga*

- **花期** 6〜10月
- **生活** 多年草
- **分布** 北海道〜九州
- **生育** 林縁、草地、土手

📷 観察ポイント

葉がナンテン、花がハギに似るのが名の由来だが、小葉が2枚で花がハギに似るところからフタバハギの別名もある。

高さ30〜60cm

(写真：山田隆彦)

花は葉腋から出る柄に10個ほどつく

葉は2小葉からなり、互生する

林縁などで初夏から秋まで花が見られる

山野で茎を斜上、または這わせて紅紫色の花をつける。ハギの仲間はふつう3小葉からなるが、本種は2小葉で、ハギ属ではなく、ソラマメ属に分類される。

マメ科

257

ミズアオイ科

ホテイアオイ【布袋葵】

別名 ウォーターヒヤシンス
学名 *Eichhornia crassipes*

花期 8～10月
生活 多年草
分布 熱帯アメリカ原産
生育 池、沼、溜池、水路

水中を横に走るランナーを出して群生する

暖地の池や沼に帰化している浮遊性植物。直径3～4cmの淡紫色の花をヒアシンスのように咲かせるので、ウォーターヒアシンスの別名がある。花が終わると、花茎は下を向き先端から水中に没して熟す。

📷 観察ポイント

葉柄の膨らみの中はスポンジ状になっていて、フロートの役目をしている。この膨らみを布袋様のお腹にたとえたのが名前の由来。

- 6枚の花びら中1枚が大きく模様がある
- 高さ10～30cm
- 葉柄が膨れて浮袋になっている
- ランナーを出してふえる

ミズアオイ【水葵】

学名 *Monochoria korsakowii*

花期	9〜10月
生活	一年草
分布	日本全土
生育	水田、池沼

ミズアオイ科

水中から茎を立ち上げる抽水性（ちゅうすいせい）の植物で、葉より高く伸びた花茎に、青紫色の花を10〜20個ほどつける。美しい花や食用となる茎葉は昔から人々に親しまれ、水葱（なぎ）の名で万葉集にも登場する。

花は紫色で直径2.5〜3cm

高さ20〜40cm

葉はハート形で柄の基部は鞘状

茎や葉は柔らかくみずみずしい

水辺にあって葉がアオイに似るのが名の由来

ミズアオイ科

コナギ【小菜葱】

学名 *Monochoria vaginalis*

|花期| 9〜10月
|生活| 一年草
|分布| 本州〜沖縄
|生育| 水田、池沼

東南アジア原産で東アジア全域に分布。日本のものは稲作文化とともに伝来した、史前帰化植物と考えられている。今では水田雑草とされるが、ミズアオイ（P.259）同様、昔から人々に親しまれてきた水草で、江戸時代頃まで食用とされてきた。

葉はハート形だが幅など変化が多い

高さ5〜20㎝

花の直径は約1.5㎝だが全開しない

📷 観察ポイント

地下茎はないが、低く群生することが多く、花は葉より低い位置で咲く。ナギはミズアオイの古名で、それに似るが小さいのでコナギ。

水田で水や泥に埋もれるように茎を這わせ群生する

ホタルカズラ【蛍葛】

学名 *Lithospermum zollingeri*
- **花期** 4〜5月
- **生活** 多年草
- **分布** 北海道〜沖縄
- **生育** 林縁、林床

ムラサキ科

花は青紫色で直径約1.5cm

高さ15〜30cm

茎にも粗い毛がある

林縁の道端などでふと目につく青紫色の花。これを蛍の光にたとえたのが名の由来だろう。地味な色の多い林縁や林床では、それくらいよく目立つ花だ。カズラはつる状に伸びる草のこと。

葉は粗い毛があり互生する

林縁の斜面などで這うように茎を伸ばす

📷 観察ポイント

茎葉ともにやや光沢があり、硬めで粗い毛が生える。地面や落ち葉の上を低く長くつる状に伸びる。花の中央に白い線が星形に入る。

ムラサキ科

ワスレナグサ【勿忘草】

学名 *Myosotis scorpioides*
花期 4〜5月
生活 多年草
分布 ヨーロッパ原産
生育 水辺、川、溝

花は淡青色で直径6〜9mm

高さ20〜50cm

花茎は先端に花を咲かせながら長く伸びる

葉は互生する

狭義にはシンワスレナグサをいうが、広義にはノハラワスレナグサ、エゾムラサキ、これらを交配した園芸種をも含めてワスレナグサと呼ぶ。エゾムラサキのみ日本の在来種。

水辺に群生し、茎の先端に水色の花を咲かせる

📷 観察ポイント

エゾムラサキは北海道の根室と長野県松本盆地に自生地がある在来種だが、ほかの種や交配種も含め、各地の水辺などに帰化しているので見分けは難しい。

ヤマルリソウ【山瑠璃草】 固

ムラサキ科

学名 *Omphalodes japonica*

花期 4〜5月　**分布** 本州〜九州
生活 多年草　**生育** 林縁、林床、木陰

📷 観察ポイント

花はワスレナグサ（P.262）によく似るが、サソリの尾のように巻いたサソリ型花序にはならない。

花の直径は約1㎝

葉は縁が波打つ

林床や林縁のやや湿った半日陰に生育する

茎には白い毛が多い

木陰など日陰で湿り気のある場所に生え、ややほふくから斜上して茎の先に鮮やかな青い花を総状につける。名前は山に咲く瑠璃色の花から。

高さ7〜20㎝

263

リンドウ科

リンドウ【竜胆】固

学名 *Gentiana scabra* var. *buergeri*

- 花期 9～11月
- 生活 多年草
- 分布 北海道～九州
- 生育 草地、明るい林床、林縁

青紫色の花を上向きに咲かせる

秋の草原や明るい林内などで、葉が対生する茎の先端付近に青紫色の花を上向きに咲かせる。花は晴れた日に開き、雨や曇りの日は閉じていることが多い。

高さ20～80㎝

葉は対生する

樹々の葉が色づく頃、林床に咲く姿は趣き深い

📷 観察ポイント

根は極めて苦く、漢方で利用される。名の由来は竜の胆のように苦いという意味で、中国名であるリュウタン（竜胆）が訛ったとされる。

フデリンドウ【筆竜胆】

学名 *Gentiana zollingeri*

花期 3〜4月
生活 越年草
分布 本州〜九州
生育 明るい林内、山野の草地

リンドウ科

春、まだほかの草の丈が伸びる前に、落ち葉や枯れ草の下から顔を出す。小さな葉が対生する10cmにも満たない小さな茎の先に、明るい青紫色の花を上向きに咲かせる。

花の直径は約1.5cm

高さ5〜10cm

茎と葉裏は紫褐色を帯びる

落ち葉の間から顔を出し青紫色の花をつける

根生葉は小さく目立たない

📷 観察ポイント

よく似た仲間にハルリンドウがある。大きさも花もそっくりだが、茎につく葉よりも大きなロゼット状の根生葉があるので区別がつく。

アカネ科

ヨツバムグラ【四つ葉葎】

学名 *Galium trachyspermum* var. *trachyspermum*

花期 5〜6月
生活 多年草
分布 北海道〜九州
生育 田畑の畦、林縁、道端

花の直径は約1mm

(写真：山田隆彦)

果実は2分果

茎は4稜

4枚が輪生する内、2枚は托葉起源

高さ20〜40cm

田の畦から道端までふつうに見られ、4枚の葉（内2枚は托葉起源）が輪生するのが特徴で、名前の由来でもある。ヤエムグラの仲間だが、葉の数が少ないぶん葉の幅は広い。2個に分かれた果実には鉤状の毛が生えている。

仲間！

ヒメヨツバムグラ

ヨツバムグラに似るが、花茎が葉より長くてその先に花がつくのが特徴で、葉もその名の通り4輪生するものの、より細いため間のびして華奢な印象がある。

カラハナソウ【唐花草】

アサ科

学名 *Humulus lupulus*
花期 8〜9月
生活 多年草
分布 北海道〜本州（中部以北）
生育 林縁、草地

円錐状につく雄花はとても細かい

葉はハート形〜5裂まで変化に富む

つる性

茎や葉柄には鉤状の刺がある

果実はホップの果実そっくり

雌株には雌花から育った果実がぶら下がる

林縁や草地で他の木や草に絡みつくつる性の多年草で、ビールの原料ホップ（セイヨウカラハナソウ）と近縁の植物。雌雄異株で雄花序は円錐形で雌花序は松笠状、どちらも下垂する。

267

イヌサフラン科

ホウチャクソウ【宝鐸草】

学名 *Disporum sessile* var. *sessile*

- **花期** 5〜6月
- **生活** 多年草
- **分布** 日本全土
- **生育** 明るい林床、林縁

高さ30〜60cm

葉は互生する

花は長さ約2cmで下向きに咲く

茎は上部で分枝する

明るい林下に生える。上部で枝分かれした茎の一番先の葉のつけ根から、1〜3個の白〜緑色の花を下向きに咲かせる。花は筒状に細長いが、先はほとんど開かない。

📷 観察ポイント

山菜として利用されるアマドコロ（P.278）やナルコユリに似るが、本種は有毒なので注意が必要。

アマドコロと異なり上部で枝分かれする

ジュズダマ【数珠玉】

学名 *Coix lacryma-jobi*

- 花期 9〜11月
- 生活 多年草
- 分布 熱帯アジア原産
- 生育 水辺、小川、溝

イネ科

高さ80〜120㎝

苞葉

雌花は壺状の苞葉に包まれている

葉は長さ30〜60㎝、幅2〜4㎝

小川や溝の縁など水辺に生えることが多い

📷 観察ポイント

硬い果実は、本当は苞葉が壺状に変化したもの。花の時期に観察すると、そこから白いヒゲ状の雌花と、房状に垂れ下がった雄花が確認できる。

食用として古くに渡来し、水辺で野生化している。硬い果実（硬いのは苞葉が変化したもの）を使って数珠をつくったのでこの名がある。ハトムギの原種。

イネ科

ヒエガエリ【稗還】

学名 *Polypogon fugax*
花期 4〜6月
生活 一年草
分布 本州〜沖縄
生育 田、川沿いの湿地、溝

野山の新緑が鮮やかさを増すころ、田や湿った草地に明るいツートンカラーの穂を出して群生する。一見ヒエに似ているので、ヒエが変わったものというのが名前の由来。

小穂は約2mmでほぼ同じ長さの芒がある
（写真：浅井元朗）

花穂は上部が紫色を帯びツートンカラー

茎はほぼ直立

葉舌は白く薄い膜質で尖る

葉は5〜10cmで互生する

高さ30〜40cm

ラセイタソウ【羅背板草】固

学名 *Boehmeria splitgerbera*
花期 7〜10月
生活 多年草
分布 北海道南部〜紀伊半島の太平洋岸
生育 海岸の岩場

イラクサ科

雌花は茎の上方、雄花は下方につく

高さ40〜80cm

葉は厚くて表面は凸凹

観察ポイント

ラセイタソウは同属のヤブマオなどと交雑しやすいため、内陸にいくほど背が高く葉の薄いハマヤブマオなどとよばれる中間的な種が見られる。

雌花序は受粉後果穂として成長し垂れ下がる

海岸の岩場に生えるため、潮風や強い紫外線に耐えられるよう、厚くてごあごあした丈夫な葉をもつ。この感触が、ラセイタという毛織物に似るところから名がついた。

イラクサ科

ウワバミソウ【蟒蛇草】

学名 *Elatostema japonicum* var. *majus*
- 花期 4〜9月
- 生活 多年草
- 分布 北海道〜九州
- 生育 沢沿い、湿った林下

葉は左右非対称

花は葉のつけ根につく

茎は根元ほど赤みを帯びることが多い

高さ20〜40cm

みずみずしい緑と端正な鋸歯の葉は美しい

沢沿いの、いかにもヘビ（うわばみ）が出そうな湿った林下に生えるのでこの名がある。また山菜としてミズの名前で人気がある。雌雄異株。

カテンソウ【花点草】

学名 *Nanocnide japonica*
花期 4〜5月
生活 多年草
分布 北海道〜九州
生育 木陰、林縁

イラクサ科

裂開前の雄花

裂開後の雄花。花柄の先につく

雌花は葉腋につく

高さ10〜30cm

葉は互生する

茎は柔らかくてまばらに毛がある

林縁や木陰などに群生する柔らかい草

雌花は茎の上部の葉腋に、雄花は茎の上部の葉腋から花柄を伸ばしてその先につく。雄花5個の雄しべは、弾けるように開き、そのとき葯が破れて花粉を飛ばす。

ウリ科

ゴキヅル【合器蔓】

学名 *Actinostemma tenerum*

花期 8〜11月
生活 一年草
分布 本州〜九州
生育 水辺

つる性

花は淡黄緑色

果実は直径1.5〜3cm

葉は長さ3〜10cmの三角形

📷 観察ポイント

果実は熟すと、上下に分かれて蓋が開き、種子がこぼれ出る。その形を蓋つきのお椀（合器）に見立てたのが名前の由来。

水辺でヨシなどの草に絡んでよじ登る

池畔や川岸などに生え、ほかの草に絡みつく。花は葉のつけ根から出た花序の上部に雄花が数個、基部に雌花がふつう1個つく。10弁に見えるが、その内半分は萼(がく)。

アマチャヅル【甘茶蔓】

ウリ科

学名 *Gynostemma pentaphyllum*

花期 8〜9月
生活 多年草
分布 北海道〜沖縄
生育 林内、藪

📷 観察ポイント

つる性植物で、葉は噛むと甘みがあり、薬用などに利用されることが名前の由来。健康茶としてよく知られている。

花は星形に5裂した淡黄緑色
（写真：山田隆彦）

葉は鳥足状複葉で互生する

つる性の茎は細くて柔らかい

果実は熟すと黒緑色になる

（写真：山田隆彦）

茎葉には朝鮮人参と同じ成分を含むという

林内などに生える。地下茎からつる性の茎を地上に伸ばし、葉腋から出た巻きひげで草や枝をよじ登る。雌雄異株で星形の花を咲かせる。直径約7mmの果実は、黒緑色に熟す。

ウリ科

アレチウリ【荒れ地瓜】

- 学名 *Sicyos angulatus*
- 花期 7〜10月
- 生活 多年草
- 分布 北アメリカ原産
- 生育 荒れ地、土手、フェンス

葉は大きく軟らかい

雄花は長い柄につく

つる性

雌花は葉陰につく

果実は十数個が集まって長い刺に包まれる

昭和に北アメリカから入った比較的新しい帰化植物だが、巻きひげで絡みつき、大きな葉で覆いつくすその生命力は、クズ（街中編P.193）をも凌ぐほどで、短期間で拡散した。

📷 観察ポイント

葉より上に伸びて咲くのは雄花。雌花は、短い柄に放射状にまとまって咲き、葉の陰になりやすい。

オオブタクサ【大豚草】

キク科

別名 クワモドキ
学名 *Ambrosia trifida*
花期 8〜10月
生活 一年草
分布 北アメリカ原産
生育 荒れ地、林縁、河川敷

北アメリカ原産。1953年に関東地方で確認され、現在はほぼ全国的に帰化している。ブタクサ同様、花粉症の原因植物のひとつ。

高さ1.5〜3m

葉は20〜30cmで掌状

頂部には雄花をつける

苞葉内に雌花をつける

荒れ地や林縁で、ときに高さ3mにも成長する

根元の茎は太さ2〜4cm

📷 観察ポイント

夏の暑さにも耐える強靭な反面、切り取った茎葉は瞬時に萎れる。

クサスギカズラ科

アマドコロ【甘野老】

学名 *Polygonatum odoratum* var. *pluriflorum*

- **花期** 4〜6月
- **生活** 多年草
- **分布** 北海道〜九州
- **生育** 林縁、草地

高さ30〜60cm

葉は互生する

📷 観察ポイント

花は下向きに咲く割に、葉が跳ね上がるようにやや上向きにつくので、葉に隠れることもなくよく目立つ。

花は1〜2個が下向きに垂れ下がる

茎に6本の稜があり、角張っている

地下茎で増え、群生することが多い

林縁や草地に茎を斜めに立たせて、葉のつけ根から筒状花を下垂させる。下向きに咲く控え目な美しさから、斑入り種も含め庭に植えられることが多い。よく似たものに草丈1mにもなり、茎の断面が丸くて1カ所につく花数も3〜8個と多いナルコユリがある。

マムシグサ【蝮草】

学名 *Arisaema japonicum*

- **花期** 4～6月
- **生活** 多年草
- **分布** 本州～九州
- **生育** 林床、林縁

サトイモ科

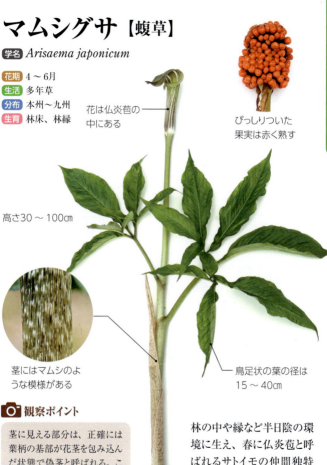

花は仏炎苞の中にある

びっしりついた果実は赤く熟す

高さ30～100cm

茎にはマムシのような模様がある

鳥足状の葉の径は15～40cm

📷 観察ポイント

茎に見える部分は、正確には葉柄の基部が花茎を包み込んだ状態で偽茎と呼ばれる。この偽茎の模様がマムシに似るのでこの名があるが、仏炎苞はマムシでなくコブラのようだ。

林の中や縁など半日陰の環境に生え、春に仏炎苞と呼ばれるサトイモの仲間独特の形の花をつける。本種を含むテンナンショウ属はよく似た仲間がたくさんある。

サトイモ科

ウラシマソウ【浦島草】固

学名 *Arisaema thunbergii* subsp. *urashima*
花期 4～5月
生活 多年草
分布 北海道～九州
生育 林床、林縁、竹林

高さ30～60㎝

📷 観察ポイント

マムシグサ（P.279）に似るが、仏炎苞の中から付属体が伸びること、葉が1枚だけで仏炎苞は葉より低いことなどの違いがある。

葉は1枚のみで11～17枚の小葉からなる

仏炎苞の中から糸状の付属体が伸びる

茎のように見えるのは偽茎

糸状の付属体は葉の上方まで伸び上がる

林や竹林の地表面に生えることが多く、海岸付近の照葉樹林でも見られる。仏炎苞の中から伸びた糸状の付属体を、浦島太郎の釣り糸に見立てたのが名前の由来。

カラスビシャク【烏柄杓】

別名 ハンゲ、ヘソクリ
学名 *Pinellia ternata*

花期 5〜8月
生活 多年草
分布 日本全土
生育 草地、畑、道端、土手

サトイモ科

日当たりの良い草地や畑地に生える。葉よりも高く伸びた仏炎苞から、付属体がさらに上に伸びるのが特徴的。花茎とその先の仏炎苞をひしゃくに見立てたのが名前の由来。

花序の先の付属体が長く上に伸びる

高さ20〜40cm

葉は3小葉からなる

葉柄の下部にムカゴができる

畑の隅や草地に生え、独特な形の仏炎苞をもつ

📷 観察ポイント

葉柄にはむかごがつき、これでも増える。地下にある根茎は、ハンゲ（半夏）と呼ばれ、漢方薬に使われる。昔、これを掘って、売っては金にしたのでヘソクリの別名がある。

ショウブ科

ショウブ【菖蒲】

学名 *Acorus calamus*
花期 5〜7月　**生活** 多年草
分布 北海道〜九州
生育 湖沼、水路、水辺

水辺に生える多年草だが、ノハナショウブ(P.169）やハナショウブの仲間ではない。五月の端午の節句の菖蒲湯には欠かせないし、根茎は昔から薬用とされる。

地下茎を伸ばして群生する

円柱状の花序に小さな花が多数つく

高さ50〜100cm

花後結実すると果実の緑の部分が目立ってくる

花までが茎でその上は苞

葉は幅1.5〜2.5cmの線形

📷 観察ポイント

円柱状の花序は一見葉から出ているように見えるが、花までが茎でそれより上に伸びる葉のような部分は花の苞の部分。

エンレイソウ【延齢草】

(写真：山田隆彦)

学名 *Trillium apetalon*

花期 4〜5月
生活 多年草
分布 北海道〜九州
生育 湿った林内

シュロソウ科

花は緑色〜紫褐色

果実

柄のない3枚の葉が輪生する

高さ20〜40cm

📷 観察ポイント

仲間に、花の白いシロバナエンレイソウ（ミヤマエンレイソウ）や、大きな白い花のオオバナエンレイソウがある。

スギの植林の林床に生えているところ

湿った林床に生え、太い地下茎から茎を立ち上げて、先端に柄のない3枚の葉を輪生する。4〜5月頃、その中心から緑色〜紫褐色の花を横向きに咲かせる。3枚の花弁に見えるのは萼片。

セリ科

アシタバ【明日葉】 固

学名 *Angelica keiskei*

花期 5〜10月
生活 多年草
分布 房総〜紀伊半島、伊豆諸島、小笠原
生育 海岸付近、草地、道端

羽状に裂けた葉を広げて成長し、2〜3年目に茎を立ち上げてパラソル状に集まった花（散形花序）をつける。果実をつけると株は枯れる。

高さ60〜120cm

📷 観察ポイント

茎や葉は無毛で、切ると黄色い汁が出る。昔から茎葉を食用とし、近年は健康食品としても知られる。

小花は淡黄緑色の5弁花

茎を切ると黄色い汁が出る

葉は無毛で光沢がある

海岸付近の岩場や林縁に生える多年草

イシミカワ【石見川／石実皮／石膠】

学名 *Persicaria perfoliata*

- **花期** 7〜10月
- **生活** 一年草
- **分布** 北海道〜沖縄
- **生育** 河原、荒れ地、畑地

タデ科

葉柄や茎にある下向きの刺を、周囲の植物などに引っかけてよじ登る。円形の托葉の上に10個ほどの花をつけるが、緑色で目立たず、その後の果実の方が瑠璃色(るり)で目立つ。

痩果を青色や紫色の萼が包む

花は緑色
(写真：浅井元朗)

葉は三角形

葉柄や茎には下向きの刺がある

つる性

📷 観察ポイント

刺のある葉柄が葉のふちではなく、裏側の少し内に入ったところから出ているのが特徴的。

ときには2〜3mの高さまで這い上がる

トウダイグサ科

タカトウダイ【高燈台】

学名 *Euphorbia lasiocaula*

- **花期** 6〜8月
- **生活** 多年草
- **分布** 本州〜九州
- **生育** 草地、林縁

腺体

杯状花序の黄色い腺体が目立つ

茎を切ると白い乳液が出る（有毒）

葉は茎の下部は互生、上部は輪生

高さ30〜80cm

林縁で他の草に混じって咲いていた

日当たりの良い林縁や草地に生え、初夏から夏にかけて花をつける。名前は背が高いトウダイグサの意。漢方では根を大戟（たいげき）といい利尿等に用いるが有毒でもある。

ナツトウダイ【夏燈台】固

学名 *Euphorbia sieboldiana*

- **花期** 3〜6月
- **生活** 多年草
- **分布** 北海道〜九州
- **生育** 山野の草地、林縁

トウダイグサ科

杯状花序で三日月形の腺体が特徴

茎は直立し、上部でふつう5分枝する

高さ20〜40cm

地下茎をのばし、そこから地上茎を立ち上げ、群生することが多い

 観察ポイント

茎の下部の葉は互生し長楕円形、上部の分枝の基部の葉は輪生で長楕円形、分枝した先の苞葉は角の丸い三角形をしている。

名前は夏のトウダイグサの意味であろうが、開花は春で、それもトウダイグサの仲間では一番早い方である。杯状花序の腺体は三日月形で、果実の表面は平滑で熟すと3裂する。

ヤマノイモ科

ヒメドコロ【姫野老】

別名 エドドコロ
学名 *Dioscorea tenuipes*

花期 7〜9月
生活 多年草
分布 本州（関東地方以西）〜九州
生育 林内、林縁、藪

つる性

雄花の基部は花柄のみ

雌花の基部には子房の膨らみがある

葉はハート形に近く、互生する

雄花序、雌花序とも下垂する

雌花序、雄花序とも下垂し、細く疎らな印象

ヤマノイモ属の中では、比較的日蔭にも生えていることが多い。葉はオニドコロ（街中編P.286）より小さめで、互生する。雌雄異株だが雌花序だけでなく、雄花序も長く垂れ下がるのが特徴。雄花は淡黄緑色で平開する。

スズメノテッポウ【雀の鉄砲】

学名 *Alopecurus aequalis* var. *amurensis*
- **花期** 3～5月
- **生活** 一年草または越年草
- **分布** 北海道～九州
- **生育** 田起こし前の水田、畑

イネ科

雄しべの葯は白色から赤褐色に変わる

茎は丸くて柔らかい

葉は無毛で長さ3～7cm

真っ直ぐな穂を鉄砲に見立てたのが名の由来

高さ20～30cm

タネツケバナ（P.32）などと同様に、田起こし前の水田に群生することがある。畑など、やや乾燥した場所に生えるものをノハラスズメノテッポウとして分ける説もある。

イネ科

コブナグサ【小鮒草】

学名 *Arthraxon hispidus*

- 花期 9〜11月
- 生活 一年草
- 分布 北海道〜沖縄
- 生育 田や溝の周辺

長さ2〜3cmの穂は淡緑色から濃紫色まであり、群生すると繊細で美しい。八丈島では伝統の黄八丈の染料として使われる。名の由来は葉が小鮒(こぶな)に似ているところから。

小穂は緑色から黒紫色まである

葉の基部は茎を抱く

茎の節間は短い

穂の先や葉の縁が紫色を帯び美しい

高さ20〜50cm

オギ【荻】

学名 *Miscanthus sacchariflorus*

花期 8〜10月　**生活** 多年草　**分布** 日本全土
生育 河原、水辺付近、湿地

イネ科

株にはならず地下の根茎が横走して群生する

高さ1.5〜2.5m

小花に芒はない

📷 観察ポイント

長い地下茎で増えるのでススキのような株にはならず、小花に芒はない。

葉舌は毛状

葉は中央脈が白く、縁はざらつく

河川敷などの湿地に群生することが多く、ヨシ（P.292）よりは陸側だが、ススキ（街中編P.291）のような乾いた場所には生えない。かつてはススキ同様に茅葺屋根の材料として使われていた。

イネ科

ヨシ【葦】

別名 アシ, キタヨシ
学名 *Phragmites australis*

花期 8〜10月
生活 多年草
分布 日本全土
生育 川岸、池沼、湿原

高さ1〜3m

花は円錐状の穂に多数つく

葉は20〜40cmの広線形

茎は径約1cmで節がある。

池沼や川辺、河口や干潟の塩湿地にまで群生する大型の草本。アシと呼ばれたが「悪し」につながるところから、ヨシと呼ばれるようになった。

ツルヨシ【蔓葦】

学名 *Phragmites japonicus*

- **花期** 8〜10月
- **生活** 多年草
- **分布** 日本全土
- **生育** 川辺、池沼

イネ科

花穂はヨシより細く、まばらな印象

遠目に見てもヨシより細く繊細で、より密集した感じがある

茎は節に白い毛がある

葉は20〜30cmの広線形

高さ1〜2m

📷 観察ポイント

ランナーは水辺を縦横無尽に覆うため、小魚や小動物の絶好の隠れ家になっている。

ヨシ（P.172）が地下茎で広がるのに対し、ツルヨシは地表や水面付近をランナーで広がり、全体に小型で華奢な印象。川の上流部の細い流れの周辺にも生える。

イネ科

ムラサキエノコロ【紫狗尾】

学名 *Setaria viridis* f. *misera*

花期 7〜10月 分布 日本全土
生活 一年草 生育 道端、荒れ地、草地

高さ20〜60cm

エノコログサ（街中編P254）の品種で、果穂や茎、葉が紫色を帯びる。紫色の果穂は熟すほどに色濃くなり目立つようになってくる。

小穂の基部からでる刺毛が紫を帯びる

エノコログサと混生していることも多い

茎や葉の縁なども紫がかることが多い

セイバンモロコシ【西蕃蜀黍】

学名 *Sorghum propinquum*

- **花期** 6〜10月
- **生活** 多年草
- **分布** 地中海沿岸原産
- **生育** 道端、荒れ地、草地、土手

イネ科

花穂は赤褐色

📷 観察ポイント

道路脇は、今や本種とシナダレスズメガヤ(街中編P.243)の外来2大勢力の縄張り争いが激しさを増している。

道端から河原、土手どこでも大きく成長する

葉舌の先は毛状になっている

ススキ(街中編P.291)と同じくらいの大きさの帰化植物。道端や土手などで、初夏から晩秋までの長期にわたって繁茂している。小穂に芒がないものをヒメモロコシと呼ぶこともある。

葉は幅1〜2㎝の線形

高さ80〜200㎝

カヤツリグサ科

ウキヤガラ【浮矢柄】

- **別名** ヤガラ
- **学名** *Bolboschoenus fluviatilis*
- **花期** 5～7月
- **生活** 多年草
- **分布** 北海道～九州
- **生育** 湖沼、河川、水路

小穂から雌しべ～雄しべの順に咲く

高さ50～150㎝

茎の断面は三角形

葉の幅は5～10㎜

生育地の浅い水辺は埋立などで激減している

📷 観察ポイント

花穂の下に葉のように横に広がる苞をもち、茎の断面は三角形。草丈は高いがカヤツリグサの仲間。

浅い水辺に生えるカヤツリグサの仲間で、水底の泥の中を横に走る茎をもち群生する。浅い水辺の環境の変化などの原因で絶滅危惧植物に指定されているところもある。

タマガヤツリ【球蚊帳吊】

学名 *Cyperus difformis*

- **花期** 8〜10月
- **生活** 一年草
- **分布** 本州〜九州
- **生育** 水田、湿地

水田やその周辺などに多く、茎の先端にくす玉のようなまるい花穂をいくつもつける。穂は熟すと緑色から次第に暗紫褐色になり、小穂のふちのみ緑が斑点状に残る。

小穂には10〜20個の花をつける

📷 観察ポイント

カヤツリグサの仲間にしては全体が柔らかな感じ。根元から出る葉は花茎より短い。

茎の断面は三角形

葉の幅は3〜5mm

高さ20〜50cm

水田周辺でよく見かけ、丸い花穂が特徴的

カヤツリグサ科

カヤツリグサ科

イガガヤツリ【毬蚊帳吊】

学名 *Cyperus polystachyos*
花期 7〜9月
生活 多年草
分布 本州（関東地方以西）〜九州
生育 湿った草地、水田周辺

高さ10〜40cm

小穂は長さ1〜2cmで扁平

茎の断面は三角形

海岸付近から水田周辺まで湿った場所で見られる

根生葉は花茎が伸びると枯れる

📷 観察ポイント

根生葉は花茎が伸びるにつれて枯れ、花序の基部から横に広がる数本の苞葉の方が目立つ。

湖沼や水田などに続く湿った草地に生える。断面が三角形の細い茎を直立させ、先端に柄の短い小穂をまとめてつける。この様子がイガのようなので、この名がついた。

テンツキ【点突】

学名 *Fimbristylis dichotoma*

- **花期** 7〜10月
- **生活** 一年草
- **分布** 日本全土
- **生育** 水田、湿地、道端、湿った草地

小穂は長さ5〜8mm

田の畦や河原の湿った草地などにふつう

茎は太さ約1mm

高さ15〜50cm

葉の幅は1〜2mmで花茎より短い

カヤツリグサ科

📷 観察ポイント

生育環境や草姿がよく似るヒデリコは、小穂が2〜3mm、丸いので区別できる。

田の畦や湿った草地などに群生する一年草。茎も葉も非常に細いが、よくしなって丈夫。花茎の頂部に小穂が線香花火のように散らばってつく。

カヤツリグサ科

イヌホタルイ【犬蛍藺】

学名 *Schoenoplectiella juncoides*

花期 7〜10月
生活 一年草
分布 北海道〜九州
生育 水田、休耕田、湿地

小穂は狭卵形で長さ9〜18mm

茎の上部に苞葉が伸びる

茎の断面は5〜6稜あり円形に近い

高さ20〜60cm

休耕田などで見られる水田雑草で、よく似たホタルイよりも水田周辺ではよく見られる。ほふく茎は出さず、単立した株をつくる。

📷 観察ポイント

ホタルイは溝や湿地に多く、小穂が短めで花柱が3つに分かれるのに対し、本種は水田に多く、小穂は長めで花柱は2つに分かれることが多い。

休耕田などでは単立した株が多数点在する

フトイ【太藺】

学名 *Schoenoplectus tabernaemontani*

- **花期** 6〜8月
- **生活** 多年草
- **分布** 北海道〜沖縄
- **生育** 湖沼、溜池、河川敷

カヤツリグサ科

枝先に1〜3個の小穂がつく

水底の泥の中を横に走る根茎から、直立する茎は高さ2mにもなる。フトイとは「太いイグサ」の意だが、イグサ科ではなく、カヤツリグサ科フトイ属に分類される。

断面は丸くて中はスポンジ状

📷 観察ポイント

葉がほとんど退化し、基部に鞘状に残るだけで、水上には茎しか見えない様子がイグサのようなので、この名がついたと思われる。

高さ1〜2.5m

茎の基部に小さい鞘があるのみ

群生するフトイは水鳥の隠れ場所にもなる

カヤツリグサ科

サンカクイ【三角藺】

学名 *Schoenoplectus triqueter*

- **花期** 7〜10月
- **生活** 多年草
- **分布** 日本全土
- **生育** 湖沼、溜池、河川敷

名は三角の茎をもったイグサの意だが、イグサ科ではなくカヤツリグサ科ホタルイ属の植物。泥の中の根茎から茎を直立して群生する。

花までが茎で花より先は苞葉

高さ50〜120cm

📷 観察ポイント

花穂より先にも茎があるように見えるが、この部分は苞葉が変化したもの。この点はイグサと似ているが、花のつくりは花被片のあるイグサと異なる。

花は茎の先に小穂が2〜3個つく

茎の断面は三角形

水辺の細い茎は夏の陽射しの下でも涼しげ

スイバ【酸い葉】

- 別名 スカンポ
- 学名 *Rumex acetosa*
- 花期 5〜8月
- 生活 多年草
- 分布 北海道〜九州
- 生育 田畑の畦、土手、河川敷、道端

タデ科

雄花は黄緑色の萼片と雄しべが目立つ

受粉後、内花被片が成長し果実を包む

雌花は赤い雌しべが目立つ

📷 観察ポイント

雌雄異株で直立した茎の上部に小さな花を多数つける。

― 茎は直立する

高さ30〜100cm

葉の基部は茎を抱き、下部の葉には長い柄がある

葉はシュウ酸を含み、噛むと酸っぱいことが名の由来。同じ意でイタドリ（街中編P.64）などと共にスカンポとも呼ばれる。山菜に利用され、ヨーロッパではハーブや野菜として親しまれている。

タデ科

ヒメスイバ【姫酸い葉】

- 学名 *Rumex acetosella*
- 花期 5〜8月
- 生活 多年草
- 分布 ヨーロッパ原産
- 生育 田畑の畦、道端、荒れ地

雄花は直径2〜3mmで花被片が大きい

📷 観察ポイント

地下茎が横に走り、そこから茎を直立させて群生する。根を掘ると、ほかの株と地下茎で繋がっているのがわかり、太い主根のあるスイバと区別できる。

雌花は花被片が目立たない

高さ15〜40cm

花が咲いて初めて群生に気づくことが多い

地下に根茎を横に伸ばして増える

葉は鉾形で基部が耳のように張り出る

在来種のスイバ（P.303）を全体に小さくした感じだが、本種は外来の帰化植物。明治初期に渡来し、現在は各地で野生化している。雌雄異株で花粉の媒介は主に風による。

用語紹介

花に関する名称

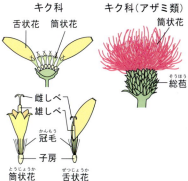

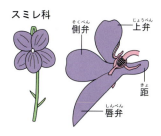

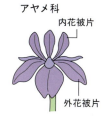

葉に関する名称

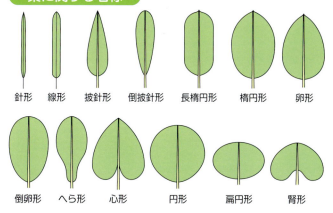

針形　線形　披針形　倒披針形　長楕円形　楕円形　卵形

倒卵形　へら形　心形　円形　扁円形　腎形

葉の先端の形

葉の基部の形

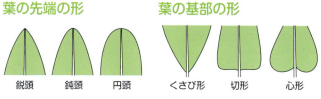

鋭頭　鈍頭　円頭

くさび形　切形　心形

葉の裂け方

葉の縁の形

浅裂　中裂　深裂　全裂

全縁　波状　鋸歯　重鋸歯　欠刻状

複葉

掌状　　3出　　2回3出

偶数羽状　　奇数羽状　　3回3出

葉のつき方

互生　　対生　　輪生　　根生

茎を抱く　　楯状　　鞘状

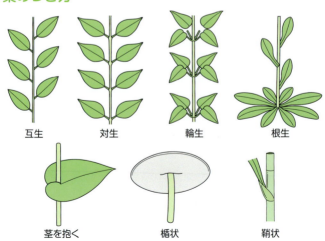

さくいん

※細字は別名
※［街中］は別巻の街中編に掲載

ア

- アオイスミレ ……………… 67
- アオオニタビラコ［街中］……… 128
- アオカモジグサ［街中］……… 241
- アオツヅラフジ［街中］……… 133
- アオビユ［街中］……………… 275
- アオミナグサ［街中］…………… 77
- アカオニタビラコ［街中］……… 128
- アカカタバミ［街中］…………… 102
- アカザ［街中］…………………… 276
- アカソ ……………………… 156
- アカツメクサ［街中］…………… 194
- アカネ［街中］…………………… 229
- アカノマンマ［街中］…………… 176
- アカバナ ……………………… 166
- アカバナヤエムグラ［街中］…… 152
- アカバナユウゲショウ［街中］… 153
- アキカラマツ …………………… 55
- アキノウナギツカミ ………… 203
- アキノウナギヅル ……………… 203
- アキノエノコログサ［街中］…… 252
- アキノキリンソウ ……………… 124
- アキノタムラソウ ……………… 250
- アキノノゲシ［街中］…………… 113
- アケボノスミレ ………………… 67
- アシ ……………………………… 292
- アシタバ ………………………… 284
- アズキナ ………………………… 257
- アズマイチゲ …………………… 53
- アゼナ …………………………… 167
- アゼムシロ ……………………… 174
- アップルミント［街中］………… 60
- アプテニア ……………………… 158
- アマチャヅル …………………… 275
- アマドコロ ……………………… 278
- アミガサソウ […街中］………… 304
- アメリカアサガオ［街中］……… 224
- アメリカイヌホオズキ［街中］… 223
- アメリカオニアザミ［街中］…… 166
- アメリカギシギシ［街中］……… 270
- アメリカスミレサイシン［街中］… 218
- アメリカセンダングサ［街中］… 105
- アメリカタカサブロウ ………… 43
- アメリカチョウセンアサガオ［街中］… 71
- アメリカネナシカズラ ………… 86
- アメリカフウロ［街中］………… 189
- アメリカミズキンバイ ………… 100
- アメリカヤマゴボウ［街中］…… 91
- アヤメ …………………………… 231
- アラゲハンゴンソウ［街中］…… 118
- アリタソウ［街中］……………… 278
- アレチウリ ……………………… 276
- アレチギシギシ［街中］………… 268
- アレチヌスビトハギ［街中］…… 192
- アレチノギク …………………… 44
- アレチハナガサ［街中］………… 213
- アワコガネギク ………………… 108
- アワバナ ………………………… 133

イ

- イオウソウ ……………………… 131
- イガオナモミ［街中］…………… 263
- イガガヤツリ …………………… 298
- イカリソウ ……………………… 224
- イケマ …………………………… 51
- イシミカワ ……………………… 285
- イソギク ………………………… 107
- イタドリ［街中］………………… 64
- イタリアンライグラス［街中］… 246
- イチビ …………………………… 96
- イヌガラシ［街中］……………… 97
- イヌキガラシ［街中］…………… 99

309

イヌコウジュ	195
イヌコハコベ［街中］	83
イヌゴマ	197
イヌタデ［街中］	176
イヌナズナ	102
イヌビエ［街中］	240
イヌビユ［街中］	273
イヌホオズキ［街中］	75
イヌホタルイ	300
イヌムギ［街中］	234
イノコズチ［街中］	272
イノコヅチ［街中］	272
イボクサ	206
イモカタバミ［街中］	161
イワニガナ	115

ウ

ウォーターヒヤシンス	258
ウキヤガラ	296
ウサギアオイ	164
ウシノヒタイ	205
ウシハコベ［街中］	83
ウスベニアオイ［街中］	151
ウツボグサ	249
ウド	34
ウナギツカミ	203
ウバユリ	93
ウマゴヤシ［街中］	140
ウマノアシガタ	126
ウマノスズクサ［街中］	258
ウラシマソウ	280
ウラジロチチコグサ［街中］	303
ウリクサ	230
ウワバミソウ	272
ウンランカズラ［街中］	201

エ

エイザンスミレ	65
エゾエンゴサク	242
エゾノギシギシ［街中］	270
エドドコロ	288
エノキグサ［街中］	304
エノコログサ［街中］	254
エビヅル［街中］	282
エビラハギ	148
エボシグサ	147
エンメイソウ	247
エンレイソウ	283

オ

オウレンダマシ	72
オオアマナ［街中］	54
オオアラセイトウ［街中］	155
オオアレチノギク［街中］	45
オオアワダチソウ	123
オオイヌタデ［街中］	175
オオイヌノフグリ［街中］	204
オオオナモミ［街中］	263
オオキバナカタバミ［街中］	104
オオキンケイギク［街中］	107
オオケタデ［街中］	177
オオジシバリ	115
オオタチツボスミレ	67
オオチドメ	257
オーチャードグラス［街中］	236
オオツメクサ［街中］	80
オオニシキソウ［街中］	69
オオニワゼキショウ［街中］	157
オオバウマノスズクサ［街中］	258
オオバコ［街中］	159
オオバジャノヒゲ	50
オオバタンキリマメ	149
オオハンゴンソウ［街中］	117
オオブタクサ	277
オオフタバムグラ	165
オオベニタデ［街中］	177
オオマツヨイグサ	98
オオミツバハンゴンソウ［街中］	119
オカスミレ	66
オカトラノオ	57
オギ	291
オギョウ［街中］	116

オグルマ	112
オケラ	40
オシロイバナ［街中］	160
オタカラコウ	117
オッタチカタバミ［街中］	103
オトコエシ	62
オドリコソウ	59
オニカンゾウ［街中］	148
オニシバ［街中］	293
オニタビラコ［街中］	128
オニドコロ［街中］	286
オニナスビ［街中］	73
オニノゲシ［街中］	122
オヒシバ［街中］	239
オヘビイチゴ	141
オミナエシ	133
オミナメシ	133
オモイグサ	210
オヤブジラミ［街中］	63
オランダガラシ［街中］	37
オランダゲンゲ	90
オランダハッカ［街中］	59
オランダミミナグサ［街中］	77

カ

ガガイモ［街中］	169
カキツバタ	169
カキドオシ［街中］	215
カキネガラシ［街中］	99
カコソウ	249
カシワバハグマ	47
カスマグサ［街中］	195
カセンソウ	113
カタカゴ	226
カタクリ	226
カタバミ［街中］	102
カテンソウ	273
カナムグラ［街中］	230
ガマ［街中］	294
カミエビ［街中］	133
カモガヤ［街中］	236

カモジグサ［街中］	242
カヤツリグサ［街中］	298
カラクサシュンギク［街中］	127
カラシナ［街中］	95
カラスウリ［街中］	40
カラスノエンドウ［街中］	195
カラスノゴマ	97
カラスビシャク	281
カラスムギ［街中］	231
カラハナソウ	267
カラムシ［街中］	255
カワヂシャ	171
カワラケツメイ	146
カワラナデシコ	208
カワラマツバ	30
カンイタドリ［街中］	174
カントウタンポポ［街中］	125
カントウヨメナ	237

キ

キイロハナカタバミ［街中］	104
キオン	121
キガヤツリ［街中］	298
キキョウ	234
キキョウソウ［街中］	205
キクイモ［街中］	110
キクイモモドキ［街中］	111
キクザキイチゲ	241
キクタニギク	108
キクハノアオイ［街中］	144
キケマン	130
ギシギシ［街中］	267
キジムシロ	142
キショウブ［街中］	100
キタヨシ	292
キチジソウ	84
キツネアザミ	180
キツネノカミソリ	162
キツネノボタン	128
キツネノマゴ［街中］	168
キツリフネ	135

キヌガサギク [街中]	118	ゲキツネノボタン	128
キバナアキギリ	**132**	ケシアザミ [街中]	123
キバナコスモス [街中]	**109**	ケチョウセンアサガオ [街中]	**71**
キバナツメクサ [街中]	143	ケツメクサ [街中]	173
キバナヤマオダマキ	**185**	ケヅメグサ	173
キミカゲソウ	49	ゲンゲ	217
キュウリグサ [街中]	**226**	ゲンノショウコ	**87**
キランソウ [街中]	**214**		
キリアサ	96	**コ**	
キリンソウ	**144**	コアカザ [街中]	**277**
キンエノコロ [街中]	**253**	**ゴウシュウアリタソウ** [街中]	**279**
キンポウゲ	**126**	**コウゾリナ** [街中]	**115**
ギンマメ	**216**	コウベナズナ	36
キンミズヒキ	**139**	コウヤボウキ	48
		コオニタビラコ	116
ク		**コガマ** [街中]	**295**
クサエンジュ	151	ゴキヅル	274
クサコアカソ	**157**	コゴメツメクサ [街中]	143
クサニワトコ [街中]	94	**コゴメバオトギリ**	**104**
クサネム	**145**	コゴメハギ	90
クサノオウ	**129**	コゴメミチヤナギ [街中]	265
クサフジ	**256**	コジャク	70
クサボタン	**186**	コシロノセンダングサ [街中]	42
クサマオ [街中]	255	**コスズメガヤ** [街中]	**244**
クサレダマ	**131**	コスミレ	66
クジャクソウ [街中]	108	**コセンダングサ** [街中]	**106**
クズ [街中]	**193**	コトジソウ	132
クスダマツメクサ [街中]	**142**	コナギ	260
クマツヅラ	**187**	**コナスビ** [街中]	**130**
クララ	**151**	**コニシキソウ** [街中]	**69**
クルマバザクロソウ [街中]	**58**	**コバギボウシ**	**184**
クルマバナ	**190**	コハコベ [街中]	83
クルマバヒヨドリ	182	コバノタツナミ	251
クレソン [街中]	37	**コバンソウ** [街中]	**232**
クローバー [街中]	**90**	**コバンバコナスビ** [街中]	**131**
クワガタソウ	**170**	**コヒルガオ** [街中]	**185**
クワクサ [街中]	**264**	コブナグサ	290
クワモドキ	277	ゴマクサモドキ [街中]	134
グンバイナズナ [街中]	**38**	**コマツナギ**	**218**
		コマツヨイグサ	99
ケ		ゴマナ	38

コミカンソウ［街中］	283
コメツブウマゴヤシ［街中］	141
コメツブツメクサ［街中］	143
コメナモミ	122
コメヒシバ［街中］	238
コモチマンネングサ［街中］	136
コンフリー［街中］	198

サ

サイハイラン	229
サギゴケ	244
サクラソウ	189
サクラタデ	201
サクラマンテマ［街中］	81
ザクロソウ［街中］	57
サボンソウ［街中］	181
サワギキョウ	233
サワギク	119
サンカクイ	302
サンジャクバーベナ［街中］	212
サンダイガサ［街中］	167

シ

ジイソブ	173
シオヤキソウ	215
シオン［街中］	208
ジゴクノカマノフタ［街中］	214
シシウド	69
ジシバリ	115
シナガワハギ	148
シナダレスズメガヤ［街中］	243
ジネンジョ［街中］	92
シマスズメノヒエ［街中］	249
シモツケソウ	211
シャガ［街中］	39
シャク	70
シャグマツメクサ	221
シャグマハギ	221
ジャノヒゲ［街中］	53
ジャノメソウ［街中］	108
シュウカイドウ	198

ジュウニヒトエ	246
ジュズダマ	269
シュッコンハゼラン［街中］	182
ショウブ	282
ショカツサイ［街中］	155
ショクヨウタンポポ［街中］	124
シラネセンキュウ	68
シラン	228
シロイヌナズナ［街中］	33
シロザ［街中］	276
シロタンポポ［街中］	52
シロツメクサ［街中］	90
シロネ	60
シロノセンダングサ［街中］	42
シロバナサクラタデ	81
シロバナシナガワハギ	90
シロバナセンダングサ［街中］	42
シロバナタンポポ［街中］	52
ジロバナヒレアザミ	175
シロバナマンテマ［街中］	81
ジロボウエンゴサク	188
シロヨメナ	37

ス

スイバ	303
スカシタゴボウ［街中］	98
スカンポ	303
スズカゼリ	68
スズガヤ［街中］	233
ススキ［街中］	291
スズフリバナ［街中］	271
スズメウリ	35
スズメノエンドウ［街中］	196
スズメノカタビラ［街中］	251
スズメノチャヒキ［街中］	235
スズメノテッポウ	289
スズメノヒエ［街中］	250
スズメノヤリ［街中］	287
スズラン	49
スナジミチヤナギ［街中］	265
スペアミント［街中］	59

スベリヒユ［街中］	132	タケトアゼナ	167
スミレ［街中］	217	タチアオイ［街中］	150
スミレサイシン	65	タチイヌノフグリ［街中］	203
		タチツボスミレ［街中］	216

セ・ソ

セイタカアキノキリンソウ［街中］	121	タツナミソウ	251
セイタカアワダチソウ［街中］	121	タニソバ	82
セイタカカゼクサ［街中］	243	タニワタシ	257
セイタカスズメガヤ［街中］	243	**タネツケバナ**	32
セイタカウコギ［街中］	105	タネヒリグサ	261
セイバンモロコシ	295	タビラコ［街中］	226
セイヨウアブラナ［街中］	96	タビラコ	116
セイヨウウンラン［街中］	101	**タマガヤツリ**	297
セイヨウオトギリ	104	タマズサ［街中］	40
セイヨウカラシナ［街中］	95	**タマスダレ**［街中］	87
セイヨウグンバイナズナ［街中］	36	ダリスグラス［街中］	249
セイヨウゴボウ［街中］	209	タレスズメガヤ［街中］	243
セイヨウタンポポ［街中］	124	タワラムギ［街中］	232
セイヨウヒキヨモギ［街中］	134	**タンキリマメ**	150
セイヨウヒルガオ［街中］	186	ダンダンギキョウ	205
セイヨウヤマガラシ	101	**ダンドボロギク**	45
ゼニアオイ［街中］	151	タンポポモドキ［街中］	112
セリ	76		
セリバヒエンソウ	211		

チ

センダングサ	105	チガヤ［街中］	290
セントウソウ	72	チカラシバ	292
センニンソウ［街中］	55	チゴユリ	83
センブリ	95	チダケサシ	225
ソープワート［街中］	181	チチコグサ［街中］	301
ソクズ［街中］	94	チチコグサモドキ［街中］	302
		チヂミザサ［街中］	248

タ

タイアザミ	178	チドメグサ	256
ダイコンソウ	140	チャヒキグサ［街中］	231
ダイモンジソウ	91	チャンパギク	56
タウコギ	106	チョウセンミカンソウ	285
タカサゴユリ［街中］	93	チョロギダマシ	197
タカサブロウ	44		

ツ・テ

タカトウダイ	286	ツキクサ［街中］	221
タガラシ	127	ツタガラクサ	201
タケニグサ	56	ツタバウンラン［街中］	201
		ツボクサ	200

ツボスミレ	64
ツボミオオバコ［街中］	296
ツメクサ［街中］	79
ツユクサ［街中］	221
ツリガネニンジン	232
ツリフネソウ	207
ツルカノコソウ	63
ツルソバ	79
ツルドクダミ［街中］	65
ツルナ	136
ツルニンジン	173
ツルフジバカマ	255
ツルボ［街中］	167
ツルマメ［街中］	190
ツルマンネングサ［街中］	139
ツルヨシ	293
ツワブキ	111
テンツキ	299

ト

トウカイタンポポ［街中］	125
トウダイグサ［街中］	271
トウバナ	191
トキリマメ	149
トキワハゼ	245
トキンソウ［街中］	261
ドクダミ［街中］	70
トゲソバ	204
トゲチシャ［街中］	114
トコロ［街中］	286
トトキ	232
トネアザミ	178
トモエソウ	103

ナ

ナガイモ［街中］	92
ナガエアオイ［街中］	200
ナガエコミカンソウ［街中］	284
ナガバギシギシ［街中］	269
ナガバノスミレサイシン	66
ナガヒナゲシ［街中］	147

ナガミヒナゲシ［街中］	147
ナギナタコウジュ	192
ナキリスゲ［街中］	297
ナズナ［街中］	34
ナツズイセン	213
ナツトウダイ	287
ナデシコ	208
ナヨクサフジ［街中］	197
ナルコビエ［街中］	245
ナンテンハギ	257
ナンバンギセル	210
ナンブアザミ	177

ニ・ヌ

ニガナ	114
ニシキソウ［街中］	68
ニホンハッカ	193
ニョイスミレ	64
ニラ［街中］	84
ニリンソウ	52
ニワシオン	208
ニワゼキショウ［街中］	156
ニワタバコ［街中］	129
ニワホコリ	289
ニワヤナギ［街中］	266
ヌスビトハギ［街中］	191

ネ

ネコジャラシ［街中］	254
ネコノシタ	118
ネコノメソウ	154
ネコハギ	89
ネジバナ［街中］	199
ネズミムギ［街中］	246
ネナシカズラ	86

ノ

ノアサガオ	254
ノアザミ	176
ノウルシ	137
ノカンゾウ［街中］	148

ノゲイトウ	214	ハマカンゾウ	163
ノゲシ［街中］	123	ハマギク	42
ノコンギク	235	ハマグルマ	118
ノジオウギク［街中］	44	ハマゴウ	252
ノジスミレ［街中］	219	ハマスゲ［街中］	299
ノダケ	199	ハマゼリ	73
ノチドメ［街中］	257	ハマダイコン	168
ノニンジン［街中］	62	ハマヂシャ	136
ノハナショウブ	169	ハマニンジン	73
ノハラアザミ	179	ハマハヒ	252
ノハラナスビ［街中］	73	ハマボウフウ	74
ノビエ［街中］	240	ハマボッス	58
ノビル［街中］	183	バラモンジン［街中］	209
ノブキ	36	ハルザキヤマガラシ	101
ノブドウ［街中］	280	ハルジオン［街中］	48
ノボロギク［街中］	120	ハルシャギク［街中］	108
ノミノツヅリ［街中］	76	ハルジョオン［街中］	48
ノミノフスマ	85	ハルノノゲシ［街中］	123
ノラニンジン［街中］	62	ハンゲ	281
		ハンゴンソウ	120

ハ

ハイミチヤナギ［街中］	265		
ハエドクソウ	209		
ハキダメギク［街中］	49		
ハクチョウソウ［街中］	32		
ハコベ［街中］	82		
ハコベバホオズキ［街中］	72		
ハコベホオズキ［街中］	72		
ハゼラン［街中］	182		
ハタケニラ［街中］	86		
ハチジョウナ	125		
ハッカ	193		
ハナイバナ	227		
ハナカタバミ［街中］	162		
ハナタデ	202		
ハナツルクサ［街中］	158		
ハナツルソウ［街中］	158		
ハナニラ［街中］	85		
ハナヤエムグラ［街中］	261		
ハナヤエムグラ［街中］	152		
ハハコグサ［街中］	116		

ヒ

ヒエガエリ	270
ヒカゲイノコヅチ［街中］	272
ヒガンバナ［街中］	149
ヒキオコシ	247
ヒゴオミナエシ	121
ヒトリシズカ	78
ヒナギキョウ［街中］	207
ヒナキキョウソウ［街中］	206
ヒナタイノコヅチ［街中］	272
ヒメウズ［街中］	56
ヒメオドリコソウ［街中］	172
ヒメガマ	295
ヒメクグ［街中］	259
ヒメコバンソウ［街中］	233
ヒメジソ	194
ヒメジョオン［街中］	43
ヒメシロネ	61
ヒメスイバ	304
ヒメダンダンギキョウ［街中］	206

ヒメチドメ［街中］	257
ヒメツルソバ［街中］	174
ヒメドコロ	288
ヒメヒオウギズイセン［街中］	145
ヒメヒルガオ［街中］	186
ヒメフウロ	215
ヒメマツバボタン［街中］	173
ヒメミカンソウ［街中］	285
ヒメムカシヨモギ［街中］	46
ヒメヤブラン	239
ヒメヨツバムグラ	299
ヒヨドリジョウゴ［街中］	74
ヒヨドリバナ	183
ヒルガオ［街中］	184
ヒルザキツキミソウ［街中］	154
ヒレアザミ	175
ヒレタゴボウ	100
ヒレハリソウ［街中］	198
ビロードモウズイカ［街中］	129
ヒロハギシギシ［街中］	270
ヒロハノレンリソウ	220
ヒロハホウキギク	181
ビンボウカズラ［街中］	281

フ

フキ［街中］	51
フシグロセンノウ	159
フジバカマ	183
ブタクサ［街中］	260
ブタナ［街中］	112
フタバハギ	257
フタリシズカ	78
フッキソウ	84
フデリンドウ	265
フトイ	301
フトエバラモンギク［街中］	126
フユアオイ［街中］	30
フユガラシ	101
フラサバソウ［街中］	204
ブラジルカタバミ［街中］	163
フランスギク［街中］	50

ヘ

ヘクソカズラ［街中］	31
ヘソクリ	281
ベニカタバミ［街中］	163
ベニバナオオケタデ［街中］	177
ベニバナボロギク［街中］	146
ヘビイチゴ［街中］	135
ヘラオオバコ［街中］	41
ペラペラヒメジョオン［街中］	47
ペラペラヨメナ［街中］	47
ペレニアルライグラス［街中］	247
ペンペングサ［街中］	34

ホ

ホウキギク	181
ボウシバナ［街中］	221
ホウチャクソウ	268
ホオコグサ	116
ホザキウンラン［街中］	101
ホシアサガオ［街中］	188
ホソアオゲイトウ［街中］	274
ホソバウンラン［街中］	101
ホソバヒメミソハギ	222
ホソムギ［街中］	247
ホタルカズラ	261
ホタルサイコ	134
ホタルブクロ［街中］	165
ボタンヅル	54
ボタンボウフウ	75
ホテイアオイ	258
ホトケノザ［街中］	171
ホトトギス	227
ホナガイヌビユ［街中］	275
ホラガイソウ	135
ボロギク	119
ホロシ［街中］	74
ホンタデ	80
ホンドホタルブクロ	172
ボンバナ	223

マ

- マタデ ……………………… 80
- マツバウンラン［街中］……… 202
- マツムシソウ ………………… 253
- マツヨイグサ ………………… 99
- ママコノシリヌグイ ………… 204
- マムシグサ …………………… 279
- マメアサガオ［街中］………… 88
- マメカミツレ［街中］………… 262
- マメグンバイナズナ［街中］… 36
- マルバアカソ ………………… 157
- マルバアサガオ［街中］……… 187
- マルバアメリカアサガオ［街中］ 224
- マルバスミレ ………………… 65
- マルバツユクサ［街中］……… 220
- マルバハッカ［街中］………… 60
- マルバルコウ ………………… 160
- マルバルコウソウ …………… 160

ミ

- ミコシグサ …………………… 87
- ミズアオイ …………………… 259
- ミズタマソウ ………………… 31
- ミズネコノメソウ …………… 154
- ミズヒキ ……………………… 158
- ミズヒキソウ ………………… 158
- ミズヒマワリ ………………… 46
- ミゾカクシ …………………… 174
- ミゾソバ ……………………… 205
- ミソハギ ……………………… 223
- ミチタネツケバナ［街中］…… 35
- ミチバタナデシコ［街中］…… 179
- ミチヤナギ［街中］…………… 266
- ミツバ［街中］………………… 61
- ミツバオオハンゴンソウ［街中］ 119
- ミツバゼリ［街中］…………… 61
- ミツバチグリ ………………… 143
- ミドリハカタカラクサ［街中］ 67
- ミドリハコベ［街中］………… 82
- ミミナグサ［街中］…………… 78
- ミヤコグサ …………………… 147
- ミヤマヨメナ ………………… 236

ム

- ムギナデシコ［街中］………… 209
- ムシトリナデシコ［街中］…… 180
- ムラサキアオゲイトウ［街中］ 274
- ムラサキウマゴヤシ［街中］… 225
- ムラサキエノコロ …………… 294
- ムラサキオオツユクサ［街中］ 178
- ムラサキカタバミ［街中］…… 164
- ムラサキケマン［街中］……… 170
- ムラサキゴテン［街中］……… 178
- ムラサキサギゴケ …………… 244
- ムラサキツメクサ［街中］…… 194
- ムラサキツユクサ［街中］…… 222
- ムラサキハナナ［街中］……… 155
- ムラサキビユ［街中］………… 273

メ

- メキシコヒナギク［街中］…… 47
- メキシコマンネングサ［街中］ 137
- メグサ ………………………… 193
- メドハギ［街中］……………… 89
- メナモミ ……………………… 122
- メノマンネングサ［街中］…… 138
- メヒシバ［街中］……………… 237
- メマツヨイグサ ……………… 99
- メリケンカルカヤ［街中］…… 288

モ

- モジズリ［街中］……………… 199
- モチグサ［街中］……………… 300
- モトタカサブロウ …………… 44
- モミジルコウ ………………… 161
- モントブレチア［街中］……… 145

ヤ・ユ・ヨ

- ヤイトグサ［街中］…………… 300
- ヤイトバナ［街中］…………… 31
- ヤエムグラ［街中］…………… 228
- ヤガラ ………………………… 296

ヤクシソウ	109
ヤセウツボ	138
ヤナギタデ	80
ヤナギハナガサ［街中］	212
ヤハズアザミ	175
ヤハズエンドウ［街中］	195
ヤハズソウ	219
ヤブカラシ［街中］	281
ヤブガラシ［街中］	281
ヤブカンゾウ［街中］	148
ヤブケマン［街中］	170
ヤブジラミ［街中］	63
ヤブタデ	202
ヤブタビラコ	116
ヤブツルアズキ	152
ヤブマメ	216
ヤブミョウガ［街中］	66
ヤブラン［街中］	210
ヤマイモ［街中］	92
ヤマエンゴサク	243
ヤマオダマキ	185
ヤマゴボウ［街中］	91
ヤマシャクヤク	88
ヤマゼリ	77
ヤマトリカブト	240
ヤマニンジン	70
ヤマネコノメソウ	155
ヤマノイモ［街中］	92
ヤマブキショウマ	71
ヤマホタルブクロ	172
ヤマモモソウ［街中］	32
ヤマユリ	94
ヤマルリソウ	263
ユウガギク	39
ユウゲショウ［街中］	153
ユキノシタ	92
ヨウシュコナスビ［街中］	131
ヨウシュナタネ［街中］	96
ヨウシュヤマゴボウ［街中］	91
ヨゴレネコノメ	155
ヨシ	292
ヨツバヒヨドリ	182
ヨツバムグラ	266
ヨメナ	238
ヨモギ［街中］	300

ラ・リ・ル・レ

ライグラス［街中］	247
ラショウモンカズラ	248
ラセイタソウ	271
リュウノウギク	41
リュウノヒゲ［街中］	53
リンドウ	264
ルコウソウ	161
ルリニワゼキショウ［街中］	157
レインリリー［街中］	87
レッドクローバー［街中］	194
レモンエゴマ	196
レンゲ	217
レンゲソウ	217

ワ

ワサビ	33
ワスレナグサ	262
ワダン	110
ワルナスビ［街中］	73
ワレモコウ	212

著者紹介
亀田龍吉（かめだ りゅうきち）

自然写真家。1953年千葉県生まれ。人間も含めたすべての自然と、その関わり合いに興味をもち、野草、ハーブ、園芸植物などを中心に動植物の撮影を続けている。主な著書・共著書に『野草のロゼットハンドブック』『ウメハンドブック』『花からわかる野菜の図鑑』（以上、文一総合出版）、『花と葉で見分ける野草』（小学館）、『葉っぱ博物館』『街路樹の散歩みち』『ハーブ』（以上、山と溪谷社）、『ここにいるよ』『雑草の呼び名事典』（以上、世界文化社）など多数。

◎写真協力：山田隆彦、山田達朗、新井和也、浅井元朗
◎デザイン・DTP：ニシ工芸株式会社、越後真由美
◎編集協力：木島理恵（ニシ工芸株式会社）
◎編集：椿康一

ポケット図鑑
身近な草花300 郊外

2019年6月1日　初版第1刷発行

著　者　亀田龍吉
発行者　斉藤博
発行所　株式会社 文一総合出版
〒162-0812　東京都新宿区西五軒町2-5
TEL　03-3235-7341
FAX　03-3269-1402
URL　https://www.bun-ichi.co.jp/
郵便振替　00120-5-42149
印刷・製本　奥村印刷株式会社

©Ryukichi Kameda 2019
ISBN978-4-8299-8309-6　Printed in Japan
NDC470 A6判 105×148mm 320P

JCOPY ＜(社)出版者著作権管理機構 委託出版物＞
本書の無断複写は著作権法上での例外を除き禁じられています。複写される場合は、そのつど事前に、(社)出版者著作権管理機構(電話03-3513-6969、FAX 03-3513-6979、e-mail:info@jcopy.or.jp)の許諾を得てください。